YIDONG QUANJING DAOHANG GUANJIAN JISHU YANJIU YU YINGYONG

# 移动全景导航关键技术研究与应用

马 瑞 董玲燕 / 著

图书在版编目（CIP）数据

移动全景导航关键技术研究与应用 / 马瑞，董玲燕著．

武汉：长江出版社，2024. 7. -- ISBN 978-7-5492-9588-3

Ⅰ．TP242.6

中国国家版本馆 CIP 数据核字第 2024lUZ146 号

**移动全景导航关键技术研究与应用**

**YIDONGQUANJINGDAOHANGGUANJIANJISHUYANJIUYUYINGYONG**

**马瑞　董玲燕 著**

**责任编辑：** 郭利娜　吴明洋

**装帧设计：** 郑泽芒

**出版发行：** 长江出版社

**地　　址：** 武汉市江岸区解放大道 1863 号

**邮　　编：** 430010

**网　　址：** https://www.cjpress.cn

**电　　话：** 027-82926557（总编室）

027-82926806（市场营销部）

**经　　销：** 各地新华书店

**印　　刷：** 武汉邮科印务有限公司

**规　　格：** 787mm×1092mm

**开　　本：** 16

**印　　张：** 12.25

**字　　数：** 280 千字

**版　　次：** 2024 年 7 月第 1 版

**印　　次：** 2024 年 10 月第 1 次

**书　　号：** ISBN 978-7-5492-9588-3

**定　　价：** 86.00 元

# 前言

Preface

在当今时代，信息技术的迅猛发展犹如汹涌浪潮，深刻重塑着世界的面貌。以云计算、物联网、大数据、人工智能、移动计算、区块链、数字孪生等为代表的新一代信息技术呈井喷之势，持续拓展着人类认知与实践的边界，在国民经济格局中稳稳占据核心地位。党的十九大郑重提出构建网络强国、数字中国与智慧社会的宏伟战略蓝图，习近平总书记亦多次强调信息化对现代化进程的关键推动作用，精准指明数字经济与实体经济融合发展的方向，为各领域发展注入澎湃动力。

遥想 1946 年，数学家乔治・斯蒂比兹开创性地提出数字化概念，彼时此概念尚如点点星火，仅在科学研究与尖端军事科技的有限范畴闪耀。斗转星移，伴随计算机技术与信息网络技术的突飞猛进，数字化已如燎原烈火，全面渗透至工程、医疗、教育等现代社会多元领域，深度融入社会发展肌理，全方位变革生产生活模式。

在此宏大时代背景下，推进数字化转型已成为贯彻国家战略布局、顺应时代潮流的必由路径。移动全景导航技术应运而生，作为信息技术深度应用的前沿成果，成为数字化转型浪潮中的夺目浪花。它有机融合地理信息系统（GIS）、全球导航卫星系统（GNSS）、遥感（RS）、5G 技术、智能手机等关键技术要素，将传统导航模式推向全新高度，为人们出行体验带来革命性变革。

本书以全景影像数据为创新突破口，构建集实时定位、路径规划、全景沉浸式导航于一体的移动全景导航系统，有力攻克传统导航信息单一、视角局限等诸多难题。本书围绕该系统关键技术展开全方位、深层次探究，从理论剖析到技术研发，从系统架构设计到实际应用验证，均进行严谨论述与系统总结，力求为移动导航技术进阶贡献智慧力量，助力其在智慧城市、智能交通、旅游出行等多元场景广泛落地生根、开花结果，以创新科技点亮美好生活，为经济社会数字化腾飞筑牢坚实支撑。

作　者

2024 年 9 月

# 目录

Contents

# 第1章 概 述

## 1.1 背景及意义

当前世界信息技术呈现加速发展趋势，以云计算、物联网、大数据、人工智能、移动计算、区块链、数字孪生为代表的新一代信息技术不断涌现，信息技术在国民经济中的地位日益突出。党的十九大明确提出要建设网络强国、数字中国、智慧社会。以习近平同志为核心的党中央高度关注数字化转型趋势，习近平总书记深刻指出“没有信息化，就没有现代化”，并多次就推动数字经济和实体经济融合发展作出重要指示。

智慧城市建设是面向城市智慧管理，践行“网络强国、数字中国、智慧社会”理念的积极有效途径与路径。智慧城市是一项复杂的巨系统工程，是推动城市治理体系和治理能力现代化建设的重要抓手。通过充分融合物理设施、社会人文生态及数字空间，结合数据传输、智能分析等技术手段，实时感知、分析、协调城市运行动态，智能响应城市治理、生活、生产，实现城市的高效健康运行和可持续发展，实现城市全面透彻的感知、宽带泛在的互联、智能融合的应用以及以用户创新、开放创新、大众创新、协同创新为特征的可持续创新。

在城市治理方面，智慧城市的目标是打造高效畅通的交通体系、快速响应的应急体系、实时反馈的平安城市、全域覆盖的城管体系、决策科学的市场监管体系；在民生服务方面，智慧城市的目标是打造便捷高效的服务体系、安全惠民的社区服务、智能舒适的文旅服务；在产业发展方面，智慧城市的目标是打造精准科学的产业监管体系、健康高效的智慧园区、融合智能的数字产业体系。

无论是城市治理还是民生服务，智慧城市的设计与建设都离不开空间地理信息。尤其是人员流动的日益频繁，使得每个人对空间信息有了更多的依赖，对地理信息的需求非常普遍。人们更加关心“当前我在哪里?”“目的地在哪里?”“如何到达?”等问题。因此在智慧城市构建过程中，需要在计算机软硬件支撑下，实现地理空间数据的采集、存储、管理、检索、分析和描述，更好地服务于城市智慧管理与决策。

作为空间地理信息的重要载体，地图是按照一定的法则，有选择地以二维或多维形式与手段在平面或球面上表示地球(或其他星球)若干现象的图形或图像。地图具有严格的数学基础、符号系统、文字注记,能用地图概括原则,科学地反映出自然和社会经济现象的分布特征及其相互关系。随着科学技术的发展与以计算机为主体的电子设备在制图中的广泛应用,地图不再限于用符号和图形表达在纸(或类似的介质)上,它可以以数字的形式存储于磁介质上,或经可视化加工表达在屏幕上。多媒体技术的发展,使得视频、声音等都可以成为地图的表达手段。

在移动互联网领域,呈现的地图统称为电子地图。电子地图类型丰富,使用终端多样,而在人们日常生活与出行方面,导航地图是用得最多,也是最为广泛的。智能手机的迭代升级与普及应用为移动导航地图提供了良好的支持。人们能在移动环境中获得实时的地理信息,尤其是与当前地理位置相关的空间信息。

总而言之,地理信息系统(GIS)与全球定位系统(GPS)、嵌入式硬件设备、摄影测量技术、通信技术以及其他应用领域的有机结合,不仅为移动地图服务(含移动导航)提供了良好的发展前景,同时也为相关领域提供了一套科学的解决方案;不但可以提供全新、透明、可视、实时、互动、形象化的车辆跟踪、辅助导航等服务,而且可以提供车辆管理、行车路线调度、交通事故处理等辅助决策服务。

随着摄影测量技术的发展,获取近景街道影像数据越来越容易,目前对于影像数据的处理能力也有了很大的提高,针对特定影像和特定要求的处理算法也比较多。摄影测量技术获取的影像数据和相应技术支持,为导航地图的展现和表示提供了一个新的平台。基于多元数据的表达方式,以及服务对象和场景的变化,移动导航地图也呈现出多元化发展。

移动全景导航系统是在传统移动导航的基础上,结合全景图像数据,提供移动全景导航服务的新型导航系统。它是在移动终端环境下,集成移动计算、全球定位系统(GPS)、地理信息系统(GIS)与近景摄影测量技术等多种技术,实现移动目标的实时定位、随处计算,提供全景沉浸式导航服务。

移动全景导航系统将移动计算技术和影像服务应用到传统的地理信息服务中,革命性地改变了传统的服务机制。移动全景导航与传统导航不同之处,是采用了全景影像进行导航。与传统二维地图相比,全景影像视图避免了观察地图视角的单一性,能带来全方位的感受。

在导航过程中,移动全景导航系统提供了更为良好的沉浸式真实感,互动性强,用户能实时观察街道周围全景环境,犹如身临其境。随着当前交通建设水平和人民生活水平的提高,实时驾车导航、正确识别路径等都需要更清楚、更直观的位置服务。全景影像结合传统的二维地图导航,能为用户提供更直观、更清楚明了的位置信息和导航服务,因此开发移动计算环境下的全景导航系统具有重要的实际意义,并且具有广泛的应用前景。

## 1.2 研究现状

近年来,国内外移动导航系统研究和近景摄影测量服务技术的发展都很迅速,在地图智能导航、智慧城市建设方面有着大量的应用,为科技进步、社会发展做出了不少贡献。根据全景移动导航系统构建所涉及的技术,其主要研究包含移动导航研究、全景影像服务研究等。

### 1.2.1 移动导航研究现状

随着移动 GIS 应用的不断深入,移动导航已成为当前智能交通系统(Intelligent Traffic System,ITS)的一个热门和重要研究方向之一。目前,国内外都在积极思考和规划移动导航,ITS 引起了各发达国家、大型企业及科研机构的高度重视,投入了大量的资金和人力开展研究,希望研究成果能在市场上占有有利的地位。

日本从 1996 年开始进入移动导航的快速发展期,目前几乎所有的车辆在出厂时就配备了移动导航系统。在日本国内,由于巨大的市场潜力和较好的发展前景,日本几乎所有的汽车厂家都参与到移动导航科研的角逐,每一年研发的新系统就有 30 多个。在丰田公司、日产公司、本田公司,移动导航系统不再是选装,而成为标准设备。

美国在进入 20 世纪 90 年代后,关于移动导航的研究工作开始大规模地开展起来。到最近的几年,欧洲等国家也对移动导航的研究大规模爆炸性地增长,来势比日本还猛,并很快出现产业化发展的势头。

自从 20 世纪 70 年代,我国开始研究城市交通控制系统,移动导航系统有了相关进展,但是还是停留在某个城市或某个区域。到 20 世纪 90 年代,一直没有出现成熟的移动导航产品。但随着越来越多的国内厂商进入导航产品的研究领域,我国的移动导航系统和产品也发展较快。目前,国内较成熟的产品有百度公司的百度地图导航、高德公司的高德导航、腾讯公司的腾讯地图等。

(1)百度地图

自 2005 年上线以来,秉持“科技让出行更简单”的品牌使命,以“科技”为手段不断探索创新。百度地图具备全球化地理信息服务能力,包括智能定位、兴趣点(Point of Interest,POI)检索、路线规划、导航、路况等。伴随着 AI 时代的到来,作为“新一代人工智能地图”,百度地图 90%的数据生产环节已实现 AI 化,智能语音助手累计用户数突破 5 亿,并上线全球首个地图语音定制功能,让用户出行更具个性化。百度地图覆盖 POI 达 1.8 亿,道路里程超 1000 万 km,刷新了行业新高度。同时,百度地图是业内拥有丰富全景数据的地图服务商，街道全景已覆盖国内95%的城市，全景照片突破20亿张。

（2）高德导航

2008年，高德集团宣布正式发布国内首款手机离线导航软件——高德导航。高德导航在全程导航过程中无需耗费数据流量，地图数据覆盖全国。界面提示丰富，语音指引清晰，界面操作美观，为用户提供了全方位的优质导航体验，打造出新一代手机导航软件。

高德导航采用专业车载导航引擎、最智能的导航引导、最精准的地图数据、最人性的设计理念，搭载最前沿的AR导航、3D实景导航、丰富的地图配色、完善的软件及数据升级方案、实时动态路况显示、云端数据同步等功能。

新一代高德导航在搜索方面做了全新优化并首推了“全国搜”功能，同时支持网络搜索。在路线规划时最多可设置多达5个途经点，全程规划一次搞定。并有“最佳路线”“高速优先”“经济路线”“最短路线”的多种路线供用户选择。在导航过程中，经过路口时的自动缩放、全新的高速模式，引导路径的蚯蚓图，通过隧道的惯导，更加智能的语音提示，都帮助用户快速准确到达目的地。

（3）腾讯地图

腾讯地图前称SOSO地图，是由腾讯公司推出的一种互联网地图服务。用户可以从地图中看到普通的矩形地图、卫星地图和街景地图以及室内景。用户可以使用地图查询银行、医院、宾馆、公园等地理位置，有助于用户的平时生活出行所需。通过腾讯地图的街景，用户可以实现网上虚拟旅游，也可以在前往某地之前了解该地点的周边环境，从而更容易找到目的地。同时，街景地图亦可为购租房屋提供参考信息。

结合国内外移动导航系统的发展和动态，移动导航发展主要体现在以下几个方面。

①与语音识别技术结合，进行实时移动语音导航。在车辆上安装语音导航，对于驾驶员来说非常重要，有助于提高驾驶安全性。

②与无线通信融合，进行导航地图的实时下载和信息查询。随着4G/5G的发展，传输速度加快，移动导航系统结合大数据量地图及影像数据，实现信息丰富的位置服务。

③与三维技术的结合，实现移动三维导航。取代传统的二维表现形式，表现更直观的立体化信息。

### 1.2.2 全景影像服务研究现状

全景影像（Panorama），又被称为3D实景，是一种新兴的富媒体技术，其与视频、声音、图片等传统的流媒体最大的区别是“可操作,可交互”。

全景影像技术兴起于 20 世纪 90 年代,最早是单视点全景图,由围绕轴心水平旋转的相机拍摄的多张图像拼接而成,可应用于虚拟旅游、数字展示。此后是条带全景图,由水平移动的相机连续拍摄普通窄视角图像拼接而成,可应用于虚拟旅游、数字地图等场合。由于图像拼接算法复杂程度较高,大部分的拍摄设备无法实现实时处理,只在拍摄简单平移关系照片的少数高端数码相机中实现自动拼接。长时间以来,全景摄像发展滞后,主要难题是在全景视频拼接技术和全景视频播放器的突破问题上。然而,随着各项技术难题的解决,全景摄像技术也从实验室概念走向市场,世界各大科技公司竞相推出自己全景视频设备,如全景摄像机和虚拟现实眼镜等。全景视频是采用专业全景摄像机进行视频内容的采集,后期通过全景视频拼接软件拼接成一个无缝的“球”,最终输出 360°全景视角的球状全景视频,再配合专业的全景视频播放器,外接不同的视频显示设备,来实现动态的真实环境的还原,给受众带来跨越时间和空间的虚拟体验。目前,国内外较成熟的产品有谷歌街景 Street View、全景网站 MapJack、移动测量系统 MMS、微软 GeoSynth 等。

(1)谷歌街景(Street View)

世界著名的搜索公司谷歌 Google 开发的谷歌街景,为世界提供的街道全景影像服务。谷歌街景目前已经覆盖了很多城市和区域,不仅覆盖了美国城市,而且将视角延伸到了国外。Google 为了让街景变得更实用,访问更简单,已经将街景引入 Google Maps API,并引发了诸多新应用,如房地产搜索,探险游戏以及单车路线等。

谷歌公司作为街景影像的先驱者,已经将街景服务嵌入 Google Map 和 Google Earth 之中,提供的界面友好,并能方便地进行 360°视角的街景浏览。但是,在 Google Map 和 Google Earth 应用程序却没有提供模拟街景导航或路径街景导航的功能。

(2)国外高清晰全景网站(MapJack)

MapJack 使用美国航天局(NASA)的设备,展示了一个新的水平的测绘技术,为我们提供高品质的全景影像,360°全息图像。MapJack 制定了一系列专有的电子产品、硬件和软件工具,使其能够相对容易地捕获整个城市的街道和质量出色的图像。

MapJack 现已提供了美国和泰国共 9 个城市的 360°高清全息图像,通过开放的 API 与 Google Map 建立关联。与 Google Maps 的“做得广”相比,MapJack 做得比较精细,拥有更清晰的图片,因为 MapJack 不仅提供街道级别的实景图片,而且也拍摄步行区域,如公园、步行街、大学等场所。

(3)真图公司的移动测量系统(MMS)

移动测量系统(Mobile Mapping System,MMS)是真图公司开发的基于移动技术的测量系统。它代表着当今世界上最尖端的测绘科技，在移动载体（机动车、铁路机车、飞机或无人机）上装配GPS、CCD（摄影测量系统）、惯性导航系统等先进的传感器和设备，在载体的高速行进之中，通过摄影测量的方式快速采集地物的空间位置数据和属性数据，并同步存储在系统计算机中，经专门软件编辑处理，形成多种有用的专题数据成果。

（4）微软GeoSynth

微软宣布了计划推出GeoSynth地图服务的消息。此项新服务将使用微软公司的Photosynth技术，把公众拍摄并上传的高清图片融合一起，将照片内容与地理数据相关联在一起。之后程序可连接到Virtual Earth，使用户浏览世界各个地区的全景级图片成为可能。

微软Photosynth技术相当惊艳，能够根据一系列大致同一个场景的照片，来判断出这些照片拍摄的相对位置，并将照片合成一组3D场景图，观看者犹如身临其境，可前后左右旋转查看这些场景。

## 1.3 研究的必要性

目前，日常场景的手机导航主要侧重于基于二维地图的空间定位、导航服务。虽有部分以三维模型方式呈现地图，但考虑到手机或移动设备的性能问题，往往只是简单的建筑白模，导致可视化展现的效果也不尽理想。而基于手机导航的科学研究也主要在提高GNSS定位精度、构建高精度地图、复杂环境（如立交桥上、隧洞内等）下的路径分析等方面。而移动全景导航是一种新的呈现方式，既可以较好地与传统导航方式结合，又可以提供更真实、互动性更强的导航模式，便于用户定位所处的周围环境。因此，移动全景导航有重要的科学研究价值，构建移动全景导航具有良好的市场价值。

相比于传统的移动导航，移动全景导航具有以下优势。

①可无缝集成传统导航功能，提供真实感强、无视角死区的全景影像。

②可通过手指操作浏览全景影像，任意放大缩小、随意拖动。

③相比于三维模型，全景影像数据量小，硬件要求低，可较好地适应移动终端环境。

④高清全景影像，提供了高清晰度的全屏场景，定位场景的细节可表现得更完美。

⑤戴上VR眼镜，可提供沉浸式互动场景，便于观察街道的周围环境，犹如身临其境。

## 1.4 本章小结

本章从信息化建设要求、智慧城市建设目标出发，强调了空间位置信息建设的重要性。尤其在人员流动加快的当今社会，人们对空间信息有更多的依赖，对地理信息的需求非常普遍，电子地图提供了全面的空间地理信息，地图导航为人们日常出行提供了智能化空间服务。在传统导航的基础上，本章定义了移动全景导航，阐述了相关技术的国内外研究现状，分析了传统移动导航、全景影像服务的发展与现状，总结了移动全景导航的优势。综合运用云计算、物联网、大数据、人工智能、移动计算、区块链、数字孪生等新一代信息技术，可有效赋能移动导航研究，加速移动全景导航建设。移动全景导航既可以较好地与传统导航方式结合，又可以提供更真实、互动性更强的导航模式，具有重要的科学研究价值和良好的市场推广前景。

# 第2章　移动全景导航支撑关键技术

移动全景导航以信息技术为手段、业务应用为支撑，能够实现内外资源的全面整合，做到地理空间信息的感知化、数据处理的自动化、服务功能的专业化，使得移动导航更直观立体、更高效便捷。移动全景导航支撑关键技术主要包括GIS、GNSS、RS、5G技术、智能手机等，这些技术在移动全景导航建设中正在广泛应用和实践。

## 2.1　地理信息系统

### 2.1.1　技术概述

一个单纯的经纬度坐标只有置于特定的地理信息中，代表为某个地点、标志、方位后，才会更容易被用户认识和理解。用户在通过相关技术获取到位置信息之后，还需要了解所处的地理环境，查询和分析环境信息，从而为用户活动提供进一步的信息支持与服务。地理信息系统就是提供这种特定地理信息支持、服务的专业化学科或系统。

地理信息系统（Geographic Information System或Geo-Information System，GIS）是一门综合性学科，有时也称为“地理信息研究”（Geographic Information Studies）、“地理信息科学”（Geographic Information Science）、“地理信息软件”（Geographic Information Software）、“地理信息服务”（Geographic Information Service）、“地理信息解决方案”（Geographic Information Solution）。

在计算机软硬件的支持下，GIS完成整个或部分地球表层（包括大气层）空间中有关地理分布数据的采集、储存、管理、运算、分析、显示和描述。结合地理学与地图学以及遥感和计算机科学，GIS已经被广泛地应用在不同的领域，实现对空间信息的分析与处理。一般情况下，通过建立空间数据库，运用地图（有时特指电子地图）独特的视觉化效果和地理分析功能，对地球上存在的现象和发生的事件进行成图和分析，从而提供完整的空间信息服务。

### 2.1.2 发展历程

15000年前,在拉斯考克(Lascaux)附近的洞穴墙壁上,法国的猎人 Cro Magnon 画下了所捕猎动物的图案。与这些动物图画相关的是一些描述迁移路线和轨迹的线条和符号。这些早期记录符合了现代地理信息系统的二元素结构:一个图形文件对应一个属性数据库。

18世纪,地形图绘制的现代勘测技术得以实现,同时还出现了专题绘图的早期版本,例如人口普查资料。1854年,约翰·斯诺用点来代表个例,描绘了伦敦的霍乱疫情,这可能是最早使用地理位置的方法。他对霍乱分布的研究指向了疾病的来源——位于霍乱疫情暴发中心区域百老汇街的一个被污染的公共水泵。约翰·斯诺将泵断开,最终终止了疫情暴发。

20世纪初期,将图片分成层的“照片石印术”得以发展。地图被分成各图层,如一个层表示植被而另一层表示水。这种技术被用于印刷轮廓与绘制,有一个单独的图层意味着它们可以不被其他图层上的工作混淆。当所有的图层完成,再由一个巨型处理摄像机结合成一个图像。彩色印刷引进后,层的概念也被用于创建每种颜色单独的印版。尽管后来层的使用成为当代 GIS 的主要典型特征之一,但所描述的摄影过程本身不被认为是一个完整的 GIS,因为这个地图只有图像而没有附加的属性数据库。

20世纪60年代早期,计算机硬件的快速发展,实现了通用计算机的“绘图”功能。1967年,世界上第一个真正投入应用的 GIS 由联邦林业和农村发展部在加拿大安大略省的渥太华研发。罗杰·汤姆林森开发的这个系统被称为加拿大地理信息系统(Canada Geographic Information System,CGIS),是“计算机制图”应用的改进版,用于存储、分析和利用加拿大统计局收集的数据,并增设了等级分类因素来进行分析。

20世纪60年代是 GIS 的开拓期,更注重空间数据的地学处理。例如,美国人口调查局建立了处理人口统计数据的双重独立地图编码(Dual Independent Map Encoding,DIME)。许多大学研制了基于栅格系统的软件包,如美国哈佛大学开发的计算机绘图软件程序 SYMAP 等。综合来看,初期 GIS 发展的动力来自诸多方面,如学术探讨、新技术应用、大量空间数据处理的生产需求等。对于这个时期 GIS 的发展来说,专家的兴趣以及政府的推动起着积极的引导作用,并且大多 GIS 工作限于政府及大学的范畴,国际交往甚少。

20世纪70年代是 GIS 的巩固发展期,更注重空间地理信息的管理。GIS 的真正发展应是70年代的事情。这种发展应归结于以下几个方面的原因。一是资源开发、利用以及环境保护问题成为政府首要解决的疑难,而这些都需要能有效分析、处理空间信息的技术、方法与系统。二是计算机技术迅速发展，在硬件方面，数据处理加快，内存容量增大，超小型、多用户系统的出现，尤其是计算机硬件价格下降，使得政府部门、学校、科研机构以及私营公司也能够配置计算机系统。在软件方面，第一套利用关系数据库管理系统的软件问世，新型的 GIS 软件不断出现，据国际地理联合会(International Geographical Union，IGU)调查，70 年代就有 80 多个 GIS 软件。三是专业化人才不断增加，许多大学开始提供地理信息系统培训，一些商业性的咨询服务公司开始从事地理信息系统工作，如 1969 年成立的美国环境系统研究所(Environmental System Research Institute，ESRI)。这个时期，GIS 发展的总体特点是在继承 60 年代技术的基础之上，充分利用了新的计算机技术，但系统的数据分析能力仍然很弱，在地理信息技术方面未有新的突破，系统的应用与开发多限于某个机构，专家个人的影响力削弱，而政府的影响力增强。

20 世纪 80 年代是 GIS 的大发展时期，更注重空间决策支持分析。GIS 的应用领域迅速扩大，从资源管理、环境规划到应急反应，从商业服务区域划分到政治选举分区等，涉及更多的学科与领域，如古人类学、景观生态规划、森林管理、土木工程以及计算机科学等。许多国家制定了本国的地理信息发展规划，启动了若干科研项目，建立了一些政府性、学术性机构。如 1985 年中国成立了资源与环境信息系统国家重点实验室，1987 年美国成立了国家地理信息与分析中心(National Center for Geographic Information & Analysis，NCGIA)，1987 年英国成立了地理信息协会。同时，商业性的咨询公司与软件制造商大量涌现，并提供了系列专业性服务。在这个时期，GIS 发展最显著的特点是商业化实用系统进入市场。

20 世纪 90 年代是 GIS 的用户时代。一方面，GIS 已成为许多机构必备的工作系统，尤其是政府决策部门在一定程度上受 GIS 影响，改变了现有机构的运行方式、设置与工作计划等；另一方面，社会对 GIS 认识普遍提高，需求大幅增加，从而导致 GIS 应用的扩大与深化。国家级乃至全球性的 GIS 已成为公众关注的问题，如 GIS 已列入美国政府制定的“信息高速公路”计划，美国副总统戈尔提出“数字地球”战略，我国的“21 世纪议程”和“三金工程”也包括 GIS。毫无疑问，GIS 已成为现代社会中最基本的服务系统。

近年来，随着以云计算、物联网、大数据、人工智能、移动计算、区块链、网络通信等为代表的新一代信息技术的不断应用，GIS 与新型技术的深度融合，在军事、交通、环境评估、地域规划、公共设施管理、资源调查、电信、能源、电力等领域的应用中发挥着越来越重要的作用。

### 2.1.3 技术内容

随着以计算机为代表的相关技术的快速发展与深度集成应用，GIS 从最初的空间图形、二维地理信息服务，逐步发展到互操作 GIS、三维/四维 GIS、组件 GIS、网络 GIS 等多个分支方向，研究的技术内容也越来越广泛。

（1）互操作 GIS（Inter Operable GIS）

目前，大多数的 GIS 是基于具体的、相互独立的和封闭的平台开发的。它们采用不同的数据格式，对地理数据的组织方式也有很大的差异，这使得在不同软件上开发的系统之间的数据交换存在困难，采用数据转换标准也只能解决部分的问题。另外，不同的应用部门对地理现象有不同的理解。对地理信息不同的数据定义阻碍了应用系统之间的数据共享，带来了领域间共同协作时信息共享和交流的障碍，限制了 GIS 处理技术的发展。

地理数据的继承与共享、地理操作的分布与共享、GIS 的社会化和大众化等客观需求，使得尽可能降低采集、处理地理数据的成本以及实现地理数据的共享和互操作成为共识。互操作 GIS 的出现就是为了改变传统 GIS 开发方式带来的数据语义表达上不可调和的矛盾。它是一个新的 GIS 系统集成平台，可实现在异构环境下多个 GIS 之间的互相通信和协作，以达到完成某一特定任务的目的。

1996 年，美国成立了开放地理空间信息联盟（Open Geospatial Consortium，OGC），旨在利用开放地理数据互操作规范（Open Geodata Interoperability Specification，OGIS）给出一个分布式访问地理数据和获得地理数据处理能力的软件框架，各软件开发商可以通过使用规范所描述的公共接口模块，实现互操作功能。OGIS 是互操作 GIS 研究中的重大进展，它在传统 GIS 软件和未来高带宽网络环境下的异构地学处理环境之间架起了一座交流互通的桥梁。

目前，OGIS 已有完整的标准体系，众多 GIS 开发商也先后声明支持该规范。国内的一些具有战略眼光的 GIS 软件商也在密切关注 OGIS，并已开发了遵循该规范的基础性 GIS 软件。

（2）三维/四维 GIS（3D&4D GIS）

GIS 采集处理的空间数据，从本质上说是三维连续分布的。但是，目前大多数 GIS 的应用还停留在处理二维平面数据上。绝大多数 GIS 平台都支持点、线、面三类空间物体，却不能很好地支持曲面（体），这主要是因为三维 GIS 在数据的采集、管理、分析、表示和系统设计等方面要比二维 GIS 复杂得多。尽管有些 GIS 软件采用建立数字高程模型的方法来处理和表达地形的起伏，但涉及地下和地上的三维自然和人工景观就显得无能为力，只能把它们先投影到地表，再进行处理，这种方式实际上还是以二维的形式来处理数据的。这种试图用二维系统来描述三维空间的方法，必然存在不能精确地反映、分析和显示三维信息的问题。

三维GIS研究重点集中在三维数据结构(如数字表面模型、断面、柱状等实体)的设计、优化与实现,立体可视化技术的运用以及三维系统的功能和模块设计等方面。目前,三维GIS研发取得了较大进展,已在城市规划、交通、水利等行业领域开展了大量的实践,带动了三维GIS研究与应用热潮。

另外,GIS所描述的地理对象往往具有时间属性,即时态。随着时间的推移,地理对象的特征会发生变化,而这种变化可能是很大的,但目前大多数的GIS不能很好地支持地理对象和组合事件时间维的处理。许多GIS应用领域的要求都是基于时间特征的,如区域人口的变化、平均年龄的变化、洪水最高水位的变化等。对于这样的应用背景,仅采取作为属性数据库中的一个属性不能很好地解决问题,因此,设计并运用四维GIS来描述、处理地理对象的时态特征也是GIS的一个重要研究领域。

(3)组件GIS(Component GIS,ComGIS)

构件式软件技术是当今软件设计与研究应用的潮流之一,它的出现改变了以往封闭、复杂、难以维护的软件开发模式。ComGIS便是顺应这一潮流的新一代GIS,它是面向对象技术和构件式软件技术在GIS软件研发中的典型应用。

ComGIS的基本思想是把GIS的功能模块划分为多个控件,每个控件完成不同的功能。各个GIS控件之间,以及GIS控件与其他非GIS控件之间,可以方便地通过可视化的软件开发工具集成起来,从而形成最终的GIS应用系统。控件如同各式各样的堆积的“积木”,各个控件分别实现不同的功能(包括GIS和非GIS功能),然后根据需要把实现各种功能的“积木”搭建起来,从而搭建出GIS的基础平台和应用系统。

组件软件的可编程和可重用的特点在为系统开发商提供有效的系统维护方法的同时,也为GIS最终用户提供了方便的二次开发手段。因此,ComGIS在很大程度上推动了GIS软件的系统集成化和应用大众化,同时也很好地适应了网络技术的发展。

目前,国内外一些著名的GIS软件厂商已经推出了基于组建技术的GIS软件。ComGIS的出现给国内GIS基础软件的开发提供了一个良好的机遇,打破了GIS基础软件由几个厂商垄断的格局,开辟了以提供专业组件来进入基础GIS研发与应用的市场新途径。

(4)网络GIS(WebGIS)

飞速发展的网络技术(Internet/Intranet)为GIS技术研究与应用研发带来了新的发展通道,利用Internet技术在网络上发布空间数据供用户浏览和使用是GIS发展的必然趋势。从网络上的任一节点,Internet用户可以浏览WebGIS站点中的空间数据,制作专题图,进行各种空间检索和空间分析,这就是WebGIS。

WebGIS要求支持Internet标准,具备分布式应用体系结构,它可以看作是由多主机、多数据库与多台终端通过Internet组成的网络。其网络用户端(Client)为GIS功能层和数据管理层,用以获得信息和各种应用;网络服务端(Server)为数据维护层,提供数据信息和系统服务。

WebGIS可以分为WebGIS浏览器、WebGIS信息代理、WebGIS服务器、WebGIS编辑器四个部分。其中,WebGIS浏览器,用以显示空间数据信息并支持网络用户端(Client)的在线处理,如查询和分析等;WebGIS信息代理,用以均衡网络负载,实现空间信息网络化;WebGIS服务器,用以满足浏览器的数据请求,完成后台空间数据库的管理;WebGIS编辑器,用以提供空间数据导入功能,构建完整的空间数据库,提供空间数据编辑功能,形成完整的GIS对象、GIS模型和GIS数据结构。

目前,WebGIS的实现方法有Java编程法、ActiveX控件法、公共网关接口法(Common Gateway Interface,CGI)、服务器应用程序接口法(Server Application Programming Interface,Server API)和插件法(Plugins)等。国外ESRI ArcGIS、MapInfo、Intergraph、AutoDesk等公司已经提供了相应的WebGIS解决方案,国内GIS公司也已在WebGIS方面做了大量工作。

WebGIS是GIS走向社会化和大众化的有效途径,也是GIS技术研究和应用研发的必由之路。

### 2.1.4 技术特征

经过多年的发展,GIS与最新的信息技术融合,已形成了相对完整的技术特征。

①具备采集、管理、分析和以多种方式输出地理空间信息的能力,具有空间性和动态性。

②为管理和决策服务。以地理模型方法为手段,具有区域空间分析、多要素综合分析和动态预测能力,以支撑信息的有效决策。

③在计算机系统的支持下进行地理空间数据管理,提供常规的或专门的地理分析方法,分析挖掘出空间数据隐含的有用的信息,辅助人类完成难以实现的任务。随着计算机性能的逐步提高,GIS具有快速、精确的运算能力,能够实现复杂环境下的动态空间分析,提供全过程的模拟推演。

### 2.1.5 应用场景

尽管GIS这个专业名词距离非GIS圈的人有点远,但是生活中已经完全离不开GIS,包括日常出行使用的地图应用。科技改变生活不仅体现在互联网、智能手机,还包含了对生活环境、地理信息的掌握。随着GIS行业应用的日趋丰富,基于地理信息的服务将会变得更贴近生活。由此可见,GIS不仅仅是一张地图或一项技术,还是美好生活的架构师。

应用软件数据端口有专门化、专业化的发展方向,在同类型、同方向的GIS数据交流共享方向提供适当的便利,以解决GIS数据来源和数据质量难以保证的问题。

结合国家信息化推进工作,以电子政务相关工程为基础,推动GIS在资源环境管理中的推广应用。信息化建设已成为我国各级政府及企业的重要任务,GIS在以资源、能源、生产、资金等空间综合配置、优化组合为目的的信息化建设中,可以发挥应有的作用;结合相应的应用工程,推动GIS的发展。

应用往专业化方向发展,功能由通用管理功能转向资源评估、监督、跟踪分析等专业功能方向发展。随着经济社会的发展,经济社会与资源环境之间的各方面的矛盾及问题逐渐暴露出来,这些问题在时间和空间上具有诸多的关联性,分析这些问题、提出合理的解决方案建议,需要功能更专业化的GIS软件系统支持。

支持多源、多尺度、多类型集成应用的软件平台工具的开发应用。信息获取技术的快速发展和多源化趋势,要求资源环境方面的GIS能够接收、处理及分析多来源、多尺度的地理信息。

促进3S技术集成应用,推动专业技术及软件的发展,全球定位系统、遥感技术与GIS的集成应用已成为GIS软件发展的趋势之一,而这种应用的发展是在应用推动的基础上建立的,针对特定应用领域的集成化的GIS将成为资源环境领域GIS的发展方向,也是系统与业务结合的需要。

开展专业应用系统开发建设,结合资源环境各领域的需求,开发多种专业化的GIS,如针对生态保护区、生态功能区、地下水、生物资源等领域的专业性GIS软件与管理系统。

## 2.2 全球导航卫星系统

### 2.2.1 技术概述

全球导航卫星系统(Global Navigation Satellite System,GNSS),泛指所有的卫星导航系统,包括全球的、区域的和增强的,还涵盖在建和将来要建设的其他卫星导航系统。

GNSS是指能在地球表面或近地空间的任何地点,为用户提供全天候的三维坐标、速度信息、时间信息的空基无线电导航定位系统。如果想知道经纬度、高度信息,必须同时收到4颗卫星信息才能准确定位。

目前,卫星导航定位技术已基本取代了地基无线电导航、传统大地测量和天文测量导航定位技术，并推动了大地测量与天文测量导航定位技术的全新发展。当今，GNSS不仅是国家安全和经济的基础设施，也是体现现代化大国地位和国家综合国力的重要标志。由于GNSS在政治、经济、军事等方面具有重要的意义，世界主要军事大国和经济体都在竞相发展独立自主的卫星导航系统。我国于2007年4月14日成功发射了第一颗北斗二号导航卫星。2020年7月31日，习近平总书记宣布北斗三号全球卫星导航系统正式开通，标志着世界上第四个GNSS系统进入实质性的运行阶段。

### 2.2.2 发展历程

1957年10月4日，世界上第一颗人造地球卫星“火花号”(Sputnik-1)在苏联拜科努尔发射场发射，标志着人类航天时代的来临。

1958年，美国约翰·霍普金斯大学的科研人员注意到卫星信号的多普勒频移(Doppler shift)，发现可利用卫星信号多普勒频移精确定轨，并转而利用精确的卫星轨道确定地面观测点的位置，从而开启了多普勒定位的理论研究和多普勒卫星及接收机的研发。

1964年，美国军方成功研制第一代多普勒卫星定位导航系统——子午卫星系统，又称海军导航卫星系统(Navy Navigation Satellite System，NNSS)。同期，苏联建立了用于船舶导航的“圣卡达”(CICADA)多普勒卫星导航系统。但是NNSS和CICADA系统存在卫星数目少、无线电信号经常间断、观测所需时间较长、精度低等缺陷。

1967—1974年，美国海军研究实验室发射三颗“Timation”计划试验卫星，试验并实现了原子钟授时系统。同期美国空军在“621-B”计划中成功研发了伪随机噪声码(Pseudo Random Noise code，PRN)调制信号的现代通信手段。

1968年，美国国防部成立导航卫星执行指导小组(Navigation Satellite Executive Group，NAVSEG)，筹划下一代导航定位系统。

1973年，美国国防部整合海陆空三军联合研制基于“时差测距导航”原理的第二代卫星导航全球定位系统(Navigation by Satellite Timing and Ranging/Global Positioning System，NAVSTAR/GPS)。

从1974年7月发射第一颗GPS试验卫星，1978年卫星组网，到1994年3月完成卫星星座布设和地面监控系统的建设，历时20年，耗资300亿美元，经历了方案论证(1974—1978年)、系统建设(1979—1987年)、试验运行(1988—1993年)三个阶段，GPS成为覆盖全球的全天候高精度导航定位系统，它的应用扩展到军事领域、大众生活和科学研究各行各业。

苏联在1982年启动了全球卫星导航系统(Global Navigation Satellite System, GLONASS)的建设,中间因苏联解体而耽搁,然后由俄罗斯继续投资于1996年建成,成为又一个基于“时差测距导航”原理的导航定位系统。中国的北斗卫星导航系统(BeiDou Navigation Satellite System, BDS)自1983年开始筹划论证,2000—2003年完成“北斗一代”系统构建。该系统属于主动型局域实时导航定位系统,其独特之处是同时具有导航定位与短报文通信的功能。虽然它的覆盖区域和定位精度赶不上GPS,但是它系统简单、投资少、周期短,满足了我国当时国防和建设的急需。从2007年开始的“北斗二代”系统则是和GPS相同的基于时差测距的导航定位系统,2012年覆盖并服务整个亚太地区,计划于2020年完成组网覆盖全球(北斗三代)并提供全球的高精度导航定位服务。同时,北斗系统沿袭了提供短报文服务的独特优势。

欧盟的伽利略卫星导航系统(Galileo Navigation Satellite System)也是基于“时差测距导航”原理的高精度导航定位系统。自1994年开始系统方案论证,2002年启动,几经延迟至2016年底已具备初步运行能力,全部卫星计划于2020年发射完毕。

此外,正在建设的还有日本的准天顶卫星系统(Quasi-zenith Satellite System, QZSS)和印度区域导航卫星系统(Indian Regional Navigation Satellite System, IRNSS)。

为了促进全球卫星导航领域的发展和合作,特别是提供高精度导航定位服务,支持大地测量和地球动力学研究,国际大地测量协会(International Association of Geodesy, IAG)于1993年组建了国际GPS服务组织(International GPS Service, IGS),并于1994年1月1日开始工作。随着世界上其他导航系统的出现,它于1999年改名为国际GNSS服务(International GNSS Service),简称仍为IGS。

### 2.2.3 技术内容

根据GNSS定位原理和应用场景,空间定位从技术研究上可分为静态定位、动态定位、绝对定位、相对定位、差分定位等。

#### 2.2.3.1 静态定位和动态定位

按照用户接收机在定位过程中所处的运动状态,空间定位分为静态定位和动态定位两类。

(1)静态定位

在定位过程中,接收机的位置是固定的,处于静止状态。这种静止状态是相对的。在卫星大地测量学中,所谓静止状态,通常是指待定点的位置,相对其周围的点位没有发生变化,或变化极其缓慢,以致在观测期内(数天或数星期)可以忽略。静态定位主要应用于板块运动测定、地壳形变监测、大地测量、精密工程测量、地球动力学及地震监测等领域。

(2)动态定位

在定位过程中,接收机天线处于运动状态。

#### 2.2.3.2 绝对定位和相对定位

按照参考点的不同位置,空间定位分为绝对定位和相对定位两类。

(1)绝对定位(或单点定位)

独立确定待定点在坐标系中的绝对位置。由于目前GNSS系统采用WGS-84坐标系,因此单点定位的结果也属于该坐标系。绝对定位的优点是一台接收机即可独立定位,但定位精度较差。该定位模式在船舶、飞机的导航,地质矿产勘探,暗礁定位,建立浮标,海洋捕鱼及低精度测量领域应用广泛。

(2)相对定位

确定同步跟踪相同GNSS信号的若干台接收机之间的相对位置。可以消除许多相同或相近的误差(如卫星钟、卫星星历、卫星信号传播误差等),定位精度较高。在大地测量、工程测量、地壳形变监测等精密定位领域内得到广泛的应用。但其缺点是外业组织实施较为困难,数据处理更为烦琐。

在绝对定位和相对定位中,又都包含静态定位和动态定位两种方式。为了缩短观测时间、提高作业效率,近年来发展了一些快速定位方法,如准动态相对定位法和快速静态相对定位法等。

静态相对定位的基本观测量为载波相位,因为目前静态相对定位的精度可达$10^{-8}\sim10^{-6}$,所以仍旧是精密定位的基本模式。

#### 2.2.3.3 差分定位

差分技术很早就被人们所应用。它实际上是在一个测站对两个目标的观测量、两个测站对一个目标的两次观测量之间进行求差。其目的在于消除公共项,包括公共误差和公共参数。这种技术在以前的无线电定位系统中已被广泛地应用。差分定位采用单点定位的数学模型,具有相对定位的特性(使用多台接收机、基准站与流动站同步观测)。

### 2.2.4 技术特征

GNSS主要包括有中国北斗卫星导航系统(BDS)、美国GPS、俄罗斯GLONASS、欧盟Galileo,这4个导航卫星系统是全球卫星导航系统国际委员会已认定的GNSS供应商。

(1)中国北斗卫星导航系统

北斗卫星导航系统(Beidou Navigation Satellite System，BDS)是中国着眼于国家安全和经济社会发展需要，自主建设、独立运行的卫星导航系统，是为全球用户提供全天候、全天时、高精度的定位、导航和授时服务的国家重要空间基础设施。

BDS 主要包括三部分：卫星星座、地面监控站、用户设备。

覆盖范围：全球。

功能：BDS 可以为全球用户提供开放、稳定、可靠的精准定位、精密授时、卫星导航、短报文通信四大功能。

导航系统结构坐标系：2000 国家大地坐标系(CGCS2000)。

性能与精度：BDS 属于军民合用系统，可提供高精度的三维空间和速度信息，也提供授时服务；定位精度 10m，测速精度 0.2m/s，授时精度 20ns。

(2)美国 GPS

GPS(Global Positioning System)是美军于 20 世纪 70 年代初在“子午仪卫星导航定位”技术上发展而来的具有全球性、全能性(陆地、海洋、航空与航天)、全天候性的导航定位、定时、测速系统。GPS 为移动 GIS 提供了实时的经纬度信息，为移动定位和车载导航提供了良好的支持。GPS 与电子地图、无线通信网络及移动终端设备相结合，除了可以建立便捷快速的移动导航系统之外，还可以实施基于位置的信息服务系统(LBS)。

GPS 主要包括三部分：地面控制中心、导航卫星、GPS 接收装置。

覆盖范围：全球。

功能：定位、导航、授时。

导航系统结构坐标系：世界大地坐标系(WGS-84)。

性能与精度：GPS 虽然是军民合用的系统，但它针对军用和民用提供了不同的定位精度。军用为 3m，民用信号增加了干扰机制，使精度下降到 100m。鉴于 GPS 在民用中发挥越来越重要的作用，美国政府于 2000 年取消了 GPS 的干扰机制，使民用信号的精度提高了 10 倍以上，大大方便了民用用户的使用，也为现在 GPS 的普及奠定了基础。

(3)俄罗斯 GLONASS

GLONASS 是俄罗斯于 1993 年开始独自建立的全球卫星导航系统。该系统于 2007 年开始运营，当时只开放俄罗斯境内卫星定位及导航服务。到 2009 年，其服务范围已经拓展到全球。该系统主要服务内容包括确定陆地、海上及空中目标的坐标及运动速度信息等。

GLONASS 主要包括三部分:卫星星座、地面监控站、用户设备。

覆盖范围:全球。

功能:定位、导航、授时。

导航系统结构坐标系:PE-90 坐标系。

性能与精度:GLONASS 属于军民合用系统,可提供高精度的三维空间和速度信息,也提供授时服务。精度在 10m 左右,有更强的抗干扰能力,采用两种频率信号,但是由于发射技术和电子设计水平有限,工作不稳定并且卫星寿命不是很长。

(4)欧盟 Galileo

伽利略卫星导航系统(Galileo)是由欧盟研制和建立的全球卫星导航定位系统,该计划于 1992 年 2 月由欧洲委员会公布,并和欧空局共同负责。系统由 30 颗卫星组成,其中 27 颗工作星,3 颗备份星。

Galileo 主要包括三部分:卫星星座、地面监控站、用户设备。

覆盖范围:全球。

功能:定位、导航、授时、搜索与救援(SAR 功能)。

导航系统结构坐标系:ITRF-96 大地坐标系。

性能与精度:Galileo 可以分发实时的米级定位精度信息,这是现有的卫星导航系统所没有的。与美国的 GPS 相比,Galileo 更先进,也更可靠。Galileo 提供的公开服务定位精度通常为 15～20m 和 5～10m 两种档次。公开特许服务有局域增强时能达到 1m,商用服务有局域增强时为 10cm。

### 2.2.5 应用场景

利用 GNSS 技术,我国部分省、市建成了卫星定位服务连续运行参考站(CORS)系统,已广泛应用于环保、交通、海洋、测绘、防灾救灾、自然资源调查、导航、农业等诸多领域,满足了不同行业用户对精确定位、快速和实时定位、导航的需求,产生了显著的社会效益和经济效益。随着 BDS 与大数据、人工智能、物/互联网、区块链、5G 等新技术的深度融合,产生了以北斗技术为核心的"北斗＋N"新业态应用模式,在智慧城市建设、智能物流、新基建、通信授时、电子商务等多个领域广泛应用。随着国际化合作的深入推进,现阶段 BDS 与 GPS、GLONASS、Galileo 先后建立了各个系统之间兼容合作机制,促进了四大全球导航卫星系统的优势互补和交流,为多边推动全球卫星导航应用产业的发展起到积极作用。值得一提的是 BDS 在"一带一路"的大背景下,已为全球上百个国家基础设施建设、交通、旅游、农业、灾害监测、民用及社会应用等诸多领域提供服务。

## 2.3 遥感

### 2.3.1 技术概述

遥感(Remote Sensing,RS)是指非接触的、远距离的探测技术,一般指利用传感器/遥感器对物体的电磁波的辐射、反射特性的探测。遥感是通过遥感器这类对电磁波敏感的仪器,在远离目标和非接触目标物体条件下探测目标地物。

遥感技术是通过获取对象的反射、辐射或散射的电磁波信息(如电场、磁场、电磁波、地震波等信息),并进行提取、判定、加工处理、分析与应用的一门科学和技术。

### 2.3.2 发展历程

遥感是以航空摄影技术为基础,在20世纪60年代初发展起来的一门新兴技术;开始为航空遥感,1972年美国发射了第一颗陆地卫星标志着航天遥感时代的开始;经过几十年的迅速发展,成为一门实用的、先进的空间探测技术。

(1)萌芽时期

①无记录地面遥感阶段(1608—1838年)。

1608年,汉斯·李波尔赛制造了世界第一架望远镜。

1609年,伽利略制作了放大三倍的科学望远镜并首次观测月球。

1794年,气球的首次升空侦察为观测远距离目标开辟了先河,但望远镜观测不能把观测到的事物用图像的方式记录下来。

②有记录地面遥感阶段(1839—1857年)。

1839年,达盖尔(Daguarre)发表了他和尼普斯(Niepce)拍摄的照片,第一次成功将拍摄事物记录在胶片上。

1849年,法国人艾米·劳塞达特(Aime Laussedat)制定了摄影测量计划,成为有目的、有记录地面遥感阶段发展的标志。

(2)初期发展

空中摄影遥感阶段(1858—1956年):

1858年,用系留气球拍摄了法国巴黎的鸟瞰像片。

1903年,飞机的发明。

1909年,第一张航空像片。

一战期间(1914—1918年):形成独立的航空摄影测量学的学科体系。

二战期间(1931—1945年):彩色摄影、红外摄影、雷达技术、多光谱摄影、扫描技术以及运载工具和判读成图设备。

(3)现代遥感

1957 年,苏联发射了人类第一颗人造地球卫星。

20 世纪 60 年代,美国发射了 TIROS、ATS、ESSA 等气象卫星和载人宇宙飞船。

1972 年,发射了地球资源技术卫星 ERTS-1(后改名为陆地卫星 1 号(Landsat 1)),装有 MSS 感器,分辨率 79m。

1982 年,陆地卫星 4 号发射,装有 TM 传感器,分辨率提高到 30m。

1986 年,法国发射 SPOT-1,装有 PAN 和 XS 遥感器,分辨率提高到 10m。

1999 年,美国发射 IKNOS,空间分辨率提高到 1m。

(4)中国遥感事业

20 世纪 50 年代,组建专业飞行队伍,开展航摄和应用。

1970 年 4 月 24 日,中国发射第一颗人造地球卫星。

1975 年 11 月 26 日,通过返回式卫星,得到卫星像片。

20 世纪 80 年代,“六五”计划将遥感列入国家重点科技攻关项目。

1988 年 9 月 7 日,中国发射第一颗 “风云 1 号”气象卫星。

1999 年 10 月 14 日,中国成功发射“资源一号”卫星。

之后进入快速发展期——卫星、载人航天、探月工程等。

### 2.3.3　技术内容

遥感是一门对地观测综合性技术。它的实现既需要一整套的技术装备,又需要多种学科的参与和配合,因此实施遥感是一项复杂的系统工程。根据遥感的定义,遥感系统主要由四大部分组成。

(1)信息源

信息源是遥感需要进行探测的目标物。任何目标物都具有反射、吸收、透射及辐射电磁波的特性,当目标物与电磁波发生相互作用时会形成目标物的电磁波特性,这就为遥感探测提供了获取信息的依据。

(2)信息获取

信息获取是指运用遥感技术装备接收、记录目标物电磁波特性的探测过程。信息获取所采用的遥感技术装备主要包括遥感平台和传感器。其中,遥感平台是用来搭载传感器的运载工具,常用的有气球、飞机和人造卫星等;传感器是用来探测目标物电磁波特性的仪器设备,常用的有照相机、扫描仪和成像雷达等。

(3)信息处理

信息处理是指利用光学仪器和计算机设备对所获取的遥感信息进行校正、分析和解译处理的技术过程。信息处理的作用是通过对遥感信息的校正、分析和解译处理，掌握或清除遥感原始信息的误差，梳理、归纳出被探测目标物的影像特征，然后依据特征从遥感信息中识别并提取所需的有用信息。

(4)信息应用

信息应用是指专业人员按不同的目的将遥感信息应用于各业务领域的使用过程。信息应用的基本方法是将遥感信息作为GIS的数据源，供人们进行查询、统计和分析利用。遥感的应用领域十分广泛，最主要的应用包括军事、地质矿产勘探、自然资源调查、地图测绘、环境监测以及城市建设和管理等。

### 2.3.4 技术特征

遥感的出现和发展是人们认识和探索自然界的客观需要。作为一门对地观测的综合性科学，遥感有其他技术手段与之无法比拟的特点。

(1)大面积同步观测(范围广)

遥感探测能在较短的时间内，从空中乃至宇宙空间对大范围地区进行对地观测，并从中获取有价值的遥感数据。这些数据拓展了人们的视觉空间，例如，一张陆地卫星图像，其覆盖面积可达3万多平方千米。这种展示宏观景象的图像对地球资源和环境分析极为重要。

(2)时效性、周期性

获取信息的速度快，周期短。由于卫星围绕地球运转，因此能及时获取所经地区的各种自然现象的最新资料，以便更新原有资料，或根据新旧资料变化进行动态监测，这是人工实地测量和航空摄影测量无法比拟的。例如，陆地卫星4号、5号每16d可覆盖地球一遍，NOAA气象卫星每天能收到两次图像；Meteosat每30min能获得同一地区的图像。

(3)数据综合性

能动态反映地面事物的变化。遥感探测能周期性、重复地对同一地区进行对地观测，这有助于人们通过所获取的遥感数据发现并动态地跟踪地球上许多事物的变化，研究自然界的变化规律。尤其是在监视天气状况、自然灾害、环境污染甚至军事目标等方面，遥感的应用就显得格外重要。

获取的数据具有综合性。遥感探测所获取的是同一时段、覆盖大范围地区的遥感数据。这些数据综合地展现了地球上许多自然与人文现象，宏观地反映了地球上各种事物的形态与分布，真实地体现了地质、地貌、土壤、植被、水文、人工构筑物等地物的特征，全面地揭示了地理事物之间的关联性。这些数据在时间上具有相同的现势性。

获取信息的手段多，信息量大。根据不同的任务，遥感技术可选用不同波段和遥感仪器来获取信息。例如，可采用可见光探测物体，也可采用紫外线、红外线和微波探测物体。利用不同波段对物体不同的穿透性，还可获取地物内部信息。例如，地面深层、水的下层、冰层下的水体、沙漠下面的地物特性等。微波波段还可以全天候地工作。

(4)较好的社会效益和经济效益

获取信息受条件限制少。在地球上有很多地方，自然条件极为恶劣，人类难以到达，如沙漠、沼泽、高山峻岭等。采用不受地面条件限制的遥感技术，特别是航天遥感可方便及时地获取各种宝贵资料。

(5)局限性

遥感技术所利用的电磁波还很有限，仅是电磁波谱中的几个波段范围，尚有许多谱段的资源有待进一步开发。此外，已经被利用的电磁波谱段对许多地物的某些特征还不能准确反映，还需要发展高光谱分辨率遥感以及遥感以外的其他手段相配合，特别是地面调查和验证尚不可缺少。

### 2.3.5 应用场景

遥感技术已广泛应用于农业、林业、地质、海洋、气象、水文、军事、环保等领域。在未来的十年中，预计遥感技术将步入一个能快速、及时提供多种对地观测数据的新阶段。遥感图像的空间分辨率、光谱分辨率和时间分辨率都会有极大的提高。其应用领域随着空间技术的发展，尤其是GIS和全球定位系统技术的发展及相互渗透，将会越来越广泛。

遥感在地理学中的应用，进一步推动和促进了地理学的研究和发展，使地理学进入一个新的发展阶段。

## 2.4 5G技术

### 2.4.1 技术概述

第五代移动通信技术(5th Generation Mobile Communication Technology，5G)是具有高速率、低时延和大连接特点的新一代宽带移动通信技术，是实现人、机、物互联的网络基础设施。

5G 作为一种新型移动通信网络，不仅解决人与人之间的通信问题，为用户提供增强现实、虚拟现实、超高清(3D)视频等更加身临其境的极致业务体验，更要解决人与物之间、物与物之间的通信问题，满足移动医疗、车联网、智能家居、工业控制、环境监测等物联网应用需求。最终，5G 将渗透到经济社会的各行业、各领域，成为支撑经济社会数字化、网络化、智能化转型的关键新型基础设施。

### 2.4.2 发展历程

无线通信历经了从 1G 到 5G 的发展历程(图 2.1)。

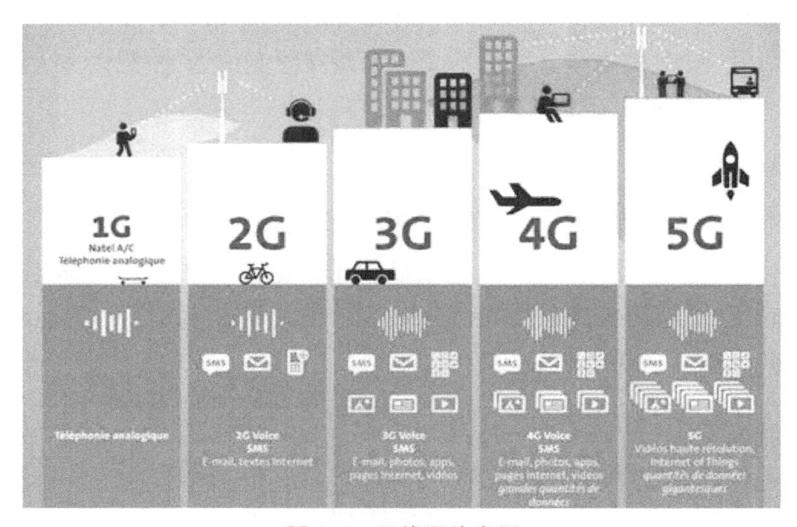


图 2.1 无线通信发展

(1)1G:世界最早的移动通信系统

第一代移动通信的想法是在 1939 年的万国博览会上，由美国最大的电信运营商 AT&T 提出。经过多年的探索与实践，终于在 20 世纪 80 年代，世界上最早的蜂窝式移动通信网正式商用，1G 时代实现了移动电话语音传输，我国移动电话公众网由美国摩托罗拉移动通信系统(A 系统)和瑞典爱立信移动通信系统(B 系统)构成，即 A、B 网。A、B 网间是不通的，因此当时手机不可以漫游。

(2)2G:数字时代正式开启

与第一代移动通信相比，第二代移动通信的技术要更进一步，关键在于，它先将声音的信息变成数字编码，通过数字编码传输信息，再用对方的调制解调器解开编码，把编码解调成声音。相比于第一代移动通信系统，它具有稳定、抗干扰、安全的特点。我国在20世纪90年代开始进行了电信改革，原邮电部在河北廊坊召开了紧急会议，宣布在中国50个城市部署GSM通信标准，中国的移动通信正式进入2G时代。

(3)3G：数据时代正式到来

2000年5月，国际电信联盟正式发布第三代移动通信标准，中国的TD-SCDMA、欧洲的WCDMA和美国的CDMA2000一起成为3G时代的三大主流技术。随着3G时代的到来，人类进入了智能手机时代，数据通信不再是简单的语音和文字，通信速率大大增加，还能实现多媒体通信。3G技术为中国推出国际智能手机品牌奠定了坚实的基础，同时也为4G技术的发展提供了技术条件。

(4)4G：数据爆发时代

到第四代移动通信，中国基于TD-SCDMA提出了TD-LTE，欧洲在原有WCDMA基础上提出了FDD-LTE。2013年8月，国务院召开常务会议，李克强总理专门提出要加快4G牌照的发放，用于TD-LTE进行部署。由于4G网速的急剧提升，用户数量大幅增加。截至2018年6月，中国4G用户数超过11.1亿。在此基础上中国手机产业迎来飞速发展，移动电子商务、移动支付、共享服务等相关业务发展迅速，人们的生活方式也随之改变。

(5)5G：智能互联网时代

为积极推动5G的标准化进程，国际电信联盟于2015年明确了全球5G工作时间表，随后第三代合作伙伴计划(3rd Generation Partnership Project，3GPP)在其框架下也紧锣密鼓地开展了相关的标准化工作。在2015年9月于美国菲尼克斯召开的5G专题讨论会中，3GPP就5G场景、需求、潜在技术特点进行了讨论，并制定了5G标准化的工作计划；随即，3GPP于2016年2月在R14(Release 14)阶段启动了5G愿景、需求和技术方案的研究工作，并于同年12月发布了5G研究报告；2017年12月，3GPP第78次全会会议上，RAN(无线接入网)工作组发布了5G新空口的NSA标准，SA(业务和系统架构)工作组发布了面向SA的5G新核心网架构与流程标准；2018年6月举行的3GPP第80次全会上，RAN工作组正式宣布冻结并发布5G SA标准，CT(核心网和终端)工作组正式发布5G SA下面向R15(Release 15)新核心网的详细设计标准。这些标志着5G第一个完整标准体系的完成，它能够实现5G独立部署，提供端到端5G全新能力，将全面满足通信与垂直行业对5G的需求和期望，为运营商和产业合作伙伴带来新的商业模式。

### 2.4.3 技术内容

根据国际电信联盟的愿景，5G面向eMBB(增强移动宽带)、mMTC(大规模互联网)、uRLLC(超高可靠与低时延通信)三大场景,全面提升包括峰值速率、移动性、时延、体验速率、连接数密度、流量密度和能效等能力,同时,满足"人与人通信"和"物与物连接"的需求。5G 还将与超高清视频、VR/AR、车联网、工业互联网等垂直行业相结合,渗透到社会的各个领域。

具体来说,eMBB 是在移动宽带业务基础上提高用户体验速度,在 4G 无法满足 4K、8K 高清视频直播时,利用 5G 的 eMBB 上行用户体验速度可以达到 50Mbps 以上,完全可以支持 4K、8K 高清视频直播,大幅提升用户体验。mMTC 是指大规模互联网,5G 每平方公里可以支持 100 万台终端的连接数。这完全突破了传统的人与人之间的通信,使人与物之间、物与物之间的大规模通信成为可能,并且可应用于智慧楼宇的智能水电气表等物联网终端设备。uRLLC 是超高可靠低时延通信,比如无人驾驶、工业机器人等场景,要求网络做到高可靠性且网络时延尽可能低。

### 2.4.4 技术特征

①峰值速率需要达到 10～20Gbit/s,以满足高清视频、虚拟现实等大数据量传输。

②空中接口时延低至 1ms,满足自动驾驶、远程医疗等实时应用。

③具备 100 万台/$km^2$ 的设备连接能力,满足物联网通信。

④频谱效率要比 LTE 提升 3 倍以上。

⑤连续广域覆盖和高移动性下,用户体验速率达到 100Mbit/s。

⑥流量密度高于 10Mbps/$m^2$。

⑦移动性支持 500km/h 的高速移动。

### 2.4.5 应用场景

①eMBB,直译为"增强移动宽带",就是以人为中心的应用场景,集中表现为超高的传输数据速率、广覆盖下的移动性保证等。未来几年,用户数据流量将持续呈现爆发式增长(年均增长率 47%),而业务形态也以视频为主(78%),在 5G 的支持下,用户可以轻松享受在线 2K/4K 视频以及 VR/AR 视频,用户体验速率可提升至 1Gbps(4G 最高实现 10Mbps),峰值速度甚至达到 10Gbps。

②mMTC,直译为"海量物联",5G 强大的连接能力可以快速促进各垂直行业(智慧城市、智能家居、环境监测等)的深度融合。万物互联下,人们的生活方式也将发生颠覆性的变化。这一场景下,数据速率较低且时延不敏感,连接覆盖生活的方方面面,终端成本更低,电池寿命更长且可靠性更高。

③uRLLC，直译为“超高可靠与低时延连接”。在此场景下，连接时延要达到1ms级别，而且要支持高速移动（500km/h）情况下的高可靠性（99.999%）连接。这一场景更多面向车联网、工业控制、远程医疗等特殊应用，其中车联网市场潜力巨大，在5G时代将达到6000亿美元，而通信模块在其中占比超过10%，这些应用的安全性要求极高。

## 2.5 智能手机

### 2.5.1 技术概述

智能手机，是指像个人计算机一样，具有独立的操作系统、独立的运行空间，可以由用户自行安装软件、游戏、导航等第三方服务商提供的程序，并可以通过移动通信网络来实现无线网络接入的手机类型的总称。从2019年开始智能手机的发展趋势是充分加入人工智能、5G等多项专利技术，使智能手机成为用途最为广泛的专利产品。

智能手机具有优秀的操作系统、可自由安装各类软件、完全大屏的全触屏式操作这三大特性，其中苹果（Apple）、华为（Huawei）、三星（SAMSUNG）、诺基亚（Nokia）、宏达电（HTC）这五大品牌在全世界最广为皆知，而小米（Mi）、欧珀（OPPO）、魅族（MEIZU）、联想（Lenovo）、中兴（ZTE）、酷派（Coolpad）、一加（OnePlus）、维沃（vivo）、天语（K-Touch）等品牌在中国备受关注。

智能手机的出现和发展，为GIS的发展带来了契机。智能手机的移动性及便携性，为移动GIS提供了良好的支持。由于人类信息中的80%都是与空间信息有关的，因此随着智能手机信息设备的发展与广泛使用，人们迫切希望能在移动环境中获得实时的地理信息，尤其是与当前地理位置相关的空间信息。

### 2.5.2 发展历程

智能手机，是掌上电脑（PocketPC）演变而来的。最早的掌上电脑并不具备手机通话功能，但是随着用户对于掌上电脑的个人信息处理方面功能的依赖的提升，又不习惯于随时都携带手机和掌上电脑两个设备，所以厂商将掌上电脑的系统移植到了手机中，于是才出现了智能手机这个概念。智能手机比传统的手机具有更多的综合性处理功能，比如Symbian操作系统的S60系列以及一些MeeGo操作系统的智能手机。

世界上第一款智能手机是IBM公司1993年推出的Simon。它也是世界上第一款使用触摸屏的智能手机，使用 Zaurus 操作系统，只有一款名为 DispatchIt 第三方应用软件。它为以后的智能手机处理器奠定了基础，有着里程碑的意义。

第一代 iPhone 于 2007 年发布。2008 年 7 月 11 日，苹果公司推出 iPhone 3G。自此，智能手机的发展开启了新的时代，iPhone 成为业界的标杆产品。

2009 年，触摸屏技术发生飞跃性的突破，原本只属于国家拥有的触摸屏开始广泛进入民间，2012 年，全世界将近 50%的手机都使用了触摸屏技术。2015 年后，世界范围内 80%的手机和智能产品都实现了触控智能化。

现今手机的著名代表：

外国品牌：iPhone、三星 SUMSANG。

中国品牌：华为、小米、OPPO、vivo、联想等。

### 2.5.3 技术特征

（1）具备无线接入互联网的能力

需要支持 GSM 网络下的 GPRS 或者 CDMA 网络的 CDMA1X 或 3G（WCDMA、CDMA-2000、TD-CDMA）网络，甚至 4G（HSPA＋、FDD-LTE、TDD-LTE）。

（2）具有 PDA 的功能

包括 PIM（个人信息管理）、日程记事、任务安排、多媒体应用、浏览网页、空间定位等。

（3）具有开放性的操作系统

拥有独立的核心处理器（CPU）和内存，可以安装更多的应用程序，使智能手机的功能可以得到无限扩展。

（4）人性化设置

可以根据个人需要扩展机器功能。根据个人需要，实时扩展机器内置功能，以及软件升级，智能识别软件兼容性，实现了软件市场同步的人性化功能。

（5）功能强大

扩展性能强，第三方软件支持多。

（6）运行速度快

随着半导体业的发展，核心处理器（CPU）发展迅速，使智能手机在运行方面越来越极速。

### 2.5.4 应用场景

随着智能手机终端普及越来越广，当今的手机终端不仅是一个有效的沟通工具，还是一款具有高计算能力的设备。高像素的拍照录像功能、高质量的色彩显示、准确的手机定位、方便的上网购物和浏览网页，再加上高性能GPU硬件处理器，这些技术与功能极大地满足了人们生活的方方面面的需求。那些曾经只能在桌面电脑上运行的应用程序也可以在智能手机上得到实现，如人脸识别、图像特效处理、语音处理等。

近几年，手机全景照片也获得了国内外许多研究者的青睐，通过处理灯光照射不均匀、拍摄视角不同等问题，能有效满足在移动终端上的全景照片自动生成与浏览查看。

# 第3章　移动全景导航系统架构

## 3.1　技术路线

移动全景导航系统的总体设计见图3.1。该系统从层次上划分，主要分为数据层、处理层、管理层和客户端。数据层包括了二维基础地图信息、拓扑道路网信息、GPS数据信息和全景影像信息；处理层是移动全景导航系统的主体，最终为终端用户服务，包括了移动二维导航子系统、全景导航子系统和全景影像处理子系统，其中二维导航子系统和全景导航子系统最终为用户服务，全景影像处理子系统由影像处理管理员进行管理；终端用户通过调用相应子系统的接口，可以获得相应的服务。

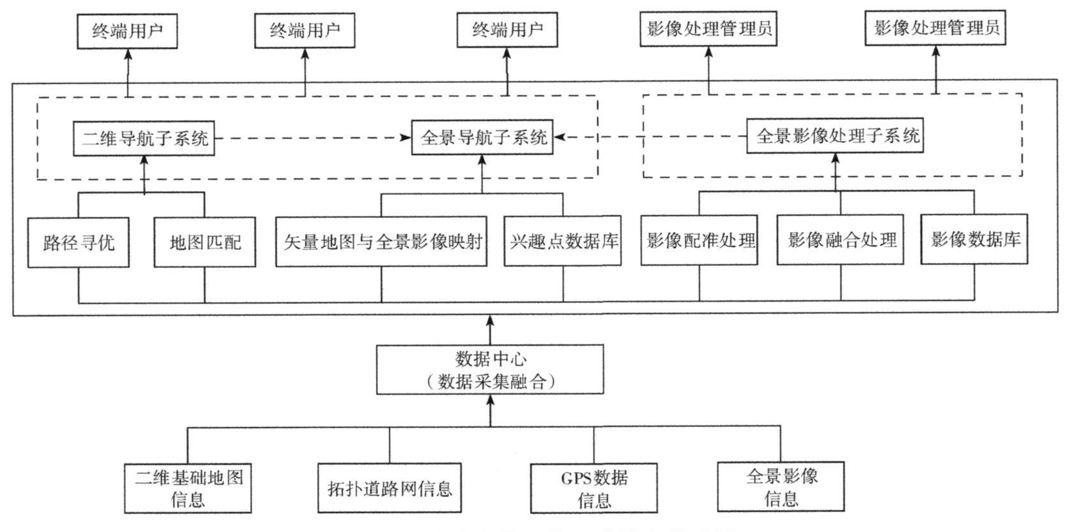


图3.1　移动全景导航系统的总体设计

在二维导航子系统中，主要是完成最短路径、地图匹配，以及道路网拓扑数据的组织和处理；在全景导航子系统中，建立二维矢量地图与全景影像的映射关系，以及完成影像兴趣点数据库的建立；在全景影像处理子系统中，完成全景照片的配准，融合处理，以及影像数据库的建立。

### 3.1.1　系统导航功能模块

系统完成的主要模块功能如下。

(1)GPS定位

通过PDA上的GPS接收机,获取当前用户所在的位置。

(2)路径寻优

主要解决的问题是在GIS系统中如何设法寻找到一条从起点A到目标点B的最优通路。

(3)地图匹配

在二维导航中,把车辆的行驶轨迹和矢量地图中的道路网进行比较,在地图上找出与行驶轨迹最相近的路线,并将实际定位数据映射到直观的矢量地图上。

(4)全景模拟导航

将二维导航系统中的拓扑道路数据与全景影像数据库进行映射,有机结合起来,终端用户借助路径寻优模块和影像数据库,可以查看全景模拟导航。

(5)全景实时导航

终端用户借助地图匹配模块和影像数据库,可以在车辆导航中进行实时的全景导航。

(6)全景兴趣点显示模块

关联二维地图与全景影像上的兴趣点,终端用户可以实时查看相关兴趣点的地理位置和属性信息。

### 3.1.2　数据处理功能模块

在后台数据处理中,主要由以下几个功能模块组成。

(1)道路拓扑数据库

从已有的二维矢量道路数据,打断线段相交的位置,建立拓扑矢量道路数据;便于二维导航系统的需要,建立以道路为中心的拓扑文件数据库。

(2)影像配准模块

将两幅或两幅以上具有部分重叠区域的全景图像进行无缝拼接,生成一幅具有较大场景和较宽视角的高分辨率全景图像。

(3)影像融合模块

将两幅由于内部和外部环境等因素的干扰,在色调、亮度、反差等方面存在不同程度的差异，并具有重叠区域的全景图像，进行匀光处理，使其在拼接处的颜色、亮度等方面均匀过渡。

(4)全景影像数据库

将获得的一组或一系列全景影像，按照相应道路正向或逆向拓扑段，进行索引、分块处理，生成最终的索引文件和全景影像文件数据库。

(5)兴趣点数据库

将二维矢量地图与全景影像上的兴趣点有机结合起来，生成兴趣点数据库，方便终端用户查询相应兴趣点的地理位置和属性信息。

## 3.2 研究内容

围绕研究目标，需要完成以下的研究内容：

对矢量道路网进行有效的拓扑组织，在已有最优路径算法的基础上，实现基于Dijkstra算法的最优路径。

结合道路拓扑数据结构，在已有的地图匹配算法基础上，对特殊匹配路段和各种异常情况进行研究，然后实现地图匹配算法。

采用尺度不变特征变换(SIFT)算法，进行全景影像匹配；采用多分辨率样条技术，消除影像间的接缝，以开源库 autopano-sift、PTStitcher、Enblend 和 CxImage 为基础，完成全景影像的拼接融合。

组织全景影像点数据与道路线段、道路方向性(正向或逆向)之间的关系，使二维导航系统与影像数据库有机关联起来；解决影像点数据之间的拓扑关系和影像点数据的分块处理，加快在移动设备环境下的搜索速度和绘制速度。

组织兴趣点数据与道路线段、道路方向性(正向或逆向)、全景影像点位置之间的关系，加快搜索特定影像点上兴趣点的速度；合理组织兴趣点数据库的字段，便于额外信息(如高度、时间等)的增加、删除和修改。

以 GeoPW 类库为底层平台，开发移动全景导航的原型系统。

## 3.3 研究目标

将传统二维地图导航与摄影测量技术融合在一起，提供一种新的导航模式，探讨两者融合的关键技术，深入研究最短路径算法、地图匹配算法、全景影像的配准与融合技术，建立道路网拓扑数据库、全景影像数据库和全景兴趣点数据库，并将二维导航系统与全景影像数据库、兴趣点数据库有机集成，完成实时和模拟全景导航的原型系统，为用户提供更清楚、更直观明了的位置信息和导航服务。

# 第4章　全景及地理空间信息采集研究

## 4.1　全景数据采集

全景拍摄是指以某个点为中心进行水平360°和垂直180°拍摄，将所拍摄的多张图拼接成一张长与宽比为2∶1图的照片拍摄及图片拼接方法。在全景图像采集中，需要使用拍摄器材进行图像的获取，并保证相邻图像有重叠的部分，以保障后续图像的快速有效拼接。图像采集是图像拼接的首要步骤，运用合适的采集设备与有效的采集方式不仅可以获得更好的拼接结果，还可以降低图像拼接的失败率，减少图像拼接过程的使用时间。

首先，针对同一个场景进行多次图像采集，相邻图像之间必须保证有相互重叠部分，为图像配准做准备。其次，光照强度等外界因素干扰会影响图像拼接的效果和时间，因此在多次采集时，需要尽可能在同一个外部条件下进行。此外，在使用相机拍摄的过程中，相机的晃动等不可避免的因素都有可能对采集后的照片造成影响，从而使图像拼接的难度增大。因此，在图像采集阶段只能先尽可能地减少干扰因素，在采集后的预处理等阶段再进行进一步的图像优化。当前，全景图像采集一般有两种方式，分别是旋转相机采集与全景相机采集。

### 4.1.1　旋转相机采集

旋转相机采用的设备一般有单反相机、鱼眼镜头、云台和三脚架，满足制作者对全景质量和用途的不同要求。为了提高全景图片拼合的准确性，必须要借助一些工具使多张图片重叠部分尽量不发生偏差，三脚架和云台就是起到这个作用。使用旋转相机进行拍摄时，首先需要将相机固定在三脚架上，然后旋转被固定的相机使其绕着三脚架中一点引出的垂直竖轴进行旋转和拍摄，并且在拍摄时需要记录相机旋转的角度，因为相机在拍摄时旋转角度的大小会直接影响相邻图像的重叠比例大小。单反相机较普通数码相机有着较好的优势，可以制作高清晰度的全景，接上鱼眼镜头后可以使拍摄数量大大减少。

由于经过旋转相机的方式拍摄出的图像不在同一平面上，因此在拼接过程中将采集到的图像投影到同一个平面上时会出现扭曲，基于这种情况，拼接时通常使用柱面或者球面投影保证拼接后图像的质量。

#### 4.1.1.1 拍摄硬件

(1)单反相机

要有一个全画幅的单反相机，由于全景摄影的特点，拍摄单张画面成像内容越多则越容易拍摄，因此要求要使用全画幅的单反相机。

(2)三脚架

三脚架或独脚架肯定是要具备的，由于720全景摄影是固定在一个点拍摄，因此三脚架对于720全景拍摄有着很重要的作用。如果不使用三脚架，想用单反相机拼接图片的方式拍摄720全景基本难以做到，因为这种拼接式的720全景拍摄技法对于拍摄节点的选择和固定的要求非常高，是直接影响整个拍摄系列的重中之重，一旦不采用三脚架的帮助进行拍摄，就很难保证节点在整个拍摄过程中的一致性，导致最终的拍摄失败。

(3)单反镜头

单反镜头也是一个必需装备，当然单反镜头的种类繁多，理论上来讲任何和使用相机匹配的镜头都能够进行720全景的拍摄，只是它们的难易程度和拍摄方法稍有不同(关于镜头的选择和具体哪些种类镜头该使用哪些拍摄方法和手段，会在后面的非必选器材和技法介绍上继续阐述并且详细标明)。

(4)鱼眼镜头

上文说过理论上任何可以与使用相机匹配的镜头都可以拍摄720全景，但是鱼眼镜头无疑是所有镜头中最适合720全景拍摄的镜头，因为鱼眼镜头是一种超广角的镜头，它拍摄出的图片宽度更大、范围更广，相较于普通镜头和广角镜头更有优势。使用鱼眼镜头拍摄一组720全景照片通常只需要8张照片，其他镜头的拍摄量可能是它的4～5倍，无论是拍摄难度还是后期拼接调整的难度，鱼眼镜头无疑要比其他镜头省力很多，也更不容易出现错误，能将拍摄误差降到最小。可能有些人会有这样的疑问，因为鱼眼镜头拍摄出的景象是变形的，如果变形了不就不能完美地展现景象了吗？其实这样的担心大可不必，因为最终所生成的720全景是球形的，球形全景自然就有图片出现扭曲的现象，所以鱼眼镜头产生的图片扭曲也是可以在后期生成球形全景的时候完美融合进去的。

(5)定焦镜头

为什么定焦镜头会作为720全景摄影的一个镜头选项呢？还是与节点有关。每个镜头都有它的节点。在720全景摄影中，镜头的节点是必须要熟知的概念，也是720全景摄影的重中之重。简单来说，镜头成像的光学中心在定焦镜头中只有一个节点，光只有穿过这个节点才不会产生折射，只有找到这个节点，将其固定才能使拍摄出的一组多张照片的节点保持一致，以保证在后期拼接全景图的过程中不会出现错位和位移。这样大大节省了后期操作的难度，也大大提高了全景图的成像效果。如果镜头节点找不准甚至每张照片的节点不一致，会导致后期多张图片难以拼合甚至拼合失败(如何在拍摄前找准节点见2.2节)。因为变焦镜头的节点不是唯一的，随着焦距的变化它的节点也会随之变化，所以使用定焦镜头能使全景拍摄变得简单。

(6)全景云台

全景云台是为这种720全景技术专门制造的一种云台。国内一知名网站720云推出的一款云台见图4.1，是笔者在实际操作中使用的一款云台，它对720全景拍摄的帮助是非常大的。这种云台上各个标尺上都有相应的刻度，可以帮助我们更有效、更便捷地寻找到镜头的节点，另外在云台的底部还有便于观察的旋转角度，方便了解并记录拍摄两张照片之间旋转了多少角度，与上文的数据相结合就能更好地进行720全景的拍摄。而且这些旋转角度还可以通过云台上的活塞固定，比如一次性转30°，那么旋转一次的角度最多就在30°，它会帮助你自动找准，这样既能减小偏差，又能降低我们的操作难度。更重要的是除了云台底部可以旋转外，它的标尺也可以旋转，在拍摄特定画面(如拍地面)的时候，只需要旋转标尺就可以进行拍摄，可以有效地躲避三脚架在地面的成像，不至于影响整个画面的美观度，也为后期补地增加了砝码。在整个拍摄过程中，随着拍摄画面的变化与镜头的旋转，镜头的节点是非常容易改变的，尤其在补地的时候，如果不使用全景云台，肯定要大幅度地移动三脚架进行斜拍补地。这样不仅画面和原位置画面在角度与位置上都不一致，而且一旦移动镜头节点是肯定要改变的，这样后期的拼接难度会呈几何式上升，所以全景云台的使用是非常有必要的。全景云台也是在所有笔者列出的非必要器材中，笔者最推崇使用的，比起其他非必要器材，它的性价比最高，建议所有想拍摄720全景的爱好者，在条件允许的情况下使用这种云台。

(7)快门线

在摄影师和摄影爱好者中，很多人都知道并使用快门线。在需要固定相机进行长时间取景拍摄的时候，快门线的作用是很突出的，它可以避免与相机的直接接触导致相机在曝光成像的时候不稳定。在720全景摄影的拍摄中，快门线的作用同理。一旦不使用快门线进行拍摄或多或少会碰到相机，容易导致相机的微微晃动和位移。在全景摄影中节点控制如此重要的情况下，一个快门线能帮助减少失误和犯错误的机会。

图 4.1 云台

#### 4.1.1.2 拍摄方法

(1)设备装配调节

拍摄第一步,我们要选好一个空间光线都比较不错的,能更好地展示周围环境的点,也就是前文说的全景选点。之后要架好三脚架,架好云台,并将单反相机架在云台上固定住,这是最基本的拍摄准备,与很多的摄影拍摄一样并没有什么太大区别。之后要进行相机镜头的调节,以保证全景拍摄质量。由于 720 全景摄影是由多张照片组合而成,所以要秉承一个原则,就是尽量保证让所有拍摄出的需要组合的照片参数保持一致,包括曝光一致、色温一致、白平衡一致,最重要的是要保持焦距一致。焦距的一致性还是与节点有关。由于随着变焦镜头的焦距改变节点也会跟着改变,因此要把相机的自动变焦调整为手动对焦,并把焦距调整合适并保持整个拍摄过程中焦距不改变。另外在所有设备调节好后还有一个小细节,就是要打开相机的实时取景器并把实时取景器的网格线调整出来。使用实时取景器可以在拍摄的过程中更好地观察成像效果,网格线可以帮助更好地判断旋转角度,另外 3×3 的网格线的中心点能更好地帮助调整节点。

(2)节点的调整

在前面的章节中笔者不止一次地强调节点的重要性,那么这一小节就要仔细地了解全景节点究竟是如何调节的。在节点的调整中要关注调整两个镜头节点,一个是水平方向的,一个是垂直方向的。

1)水平方向的调整

首先要把相机调整为云台上方的水平方向,并在镜头前放置一支铅笔或者一个纤细物体作为第一参照物。接下来在要拍摄的景观中找第二参照物,可以是建筑的边缘也可以是任意图像,只要能够准确辨别出就可以。然后调整好脚架高度和标尺位置,使第一参照物和第二参照物重合并处于画面的中央位置。

接下来转动云台使第一参照物位于画面的左侧和右侧,同时观察第一参照物是否依然与远处第二参照物重合,若产生错位那就需要及时调整相机的前后距离,也就是相机与第一参照物之间的距离。借助全景云台可以很简单平滑地完成这一操作,如调整过后能保证第一参照物在画面的中间及两侧与第二参照物都重合,则证明水平的镜头节点已被找准。

2)垂直方向的调整

垂直方向的调整是相对简单且好理解的。调整相机和云台标尺,将相机垂直对准全景云台,并在实时取景器中观察。观察实时取景器中网格线的中心点是否对准全景云台的中心,若是有偏差就需要利用全景云台的优势,即移动云台上最底部的标尺进行调整,使实时取景器中网格线的中心点对准云台的中心,调整好后也要保证固定住下方标尺,使其在整个拍摄过程中不再发生变化。然后转动连接着相机的标尺,使其和相机调整到水平方向,准备拍摄。

(3)拍摄步骤

在这里将列举两种不同类型镜头的拍摄步骤:一种是鱼眼镜头的拍摄步骤,另一种是16-35广角镜头的拍摄步骤。它们之间有很多共通的地方,但也有一些区别,若不做出详细解释可能会使很多爱好者在实际操作的时候遇到困难。笔者在研究这个技法的初期就遇到了这种问题,使用普通镜头采用鱼眼镜头的拍摄方式去拍摄,导致多次的失败。

1)鱼眼镜头拍摄步骤

鱼眼镜头的拍摄步骤相对简单,就是需要先水平拍摄一周360°的全景图。需要注意的是使用鱼眼镜头时,拍摄一周大概需要6张照片,并且要保证相邻两张照片之间至少保留25%或50%的重合区域,以达到好的后期拼接效果。如果相邻两张照片之间的重合区域不足,极有可能影响后期的拼接质量,甚至可能无法拼接成功。

接着需要将相机旋转向上,进行一次补天的拍摄。

这时720球形全景照片已经有了正面和天空的素材,接下来就要进行补地拍摄。由于补地拍摄无论使用哪种镜头方法都是一样的,而补地拍摄是在所有拍摄步骤中最复杂、最烦琐的,因此在下文会用单独一个小节来介绍补地拍摄方法。这里需要了解的是补地拍摄需要1～2张照片,所以综合起来使用鱼眼镜头拍摄720全景一共需要 8～9 张照片进行拼接，还是相对来说简单一些的。

2)16-35 广角镜头的拍摄步骤

16-35 镜头的拍摄和鱼眼镜头一样首先也需要水平 360°拍摄一周，也要注意相邻两张照片之间至少要保留 25%或 1/3 的重合区域。

但由于拍摄角度相较鱼眼镜头更小，因此拍摄一周所需要的照片数也相对会增加，一般情况下 16-35 镜头水平拍摄一周需要 12 张左右的照片，比鱼眼镜头整整多了一倍。

接下来的拍摄步骤就和鱼眼镜头产生了一定的区别，由于 16-35 广角镜头比鱼眼镜头拍摄角度小，而这种角度的差距不仅仅存在于水平方向，垂直方向同样有差距，用广角镜头拍摄只需要拍摄水平一周和补天补地就能够完成，但是 16-35 广角镜头却不行，所以就要多一个步骤来保证垂直方向补天和补地的照片能和水平方向拍摄一周的照片能够拼合，也就是要多上、下斜拍两个步骤。

我们需要将相机以水平方向为标准，向上调整 20°～25°拍摄一周，再将相机以水平方向为标准向下调整 20°～25°拍摄一周，上、下斜拍的俯仰角度在 45°左右。这样拍摄能够保证补全水平一周和天地之间的空白区域。

之后要进行同样的补天拍摄和补地拍摄，需要强调的是，16-35 镜头的拍摄角度小，因此在补天的时候与广角镜头相比需要将相机水平旋转 90°多拍一张以保证补天拍摄万无一失，补地拍摄则与鱼眼镜头的拍摄没有区别，最后使用 16-35 镜头进行的 720 全景拍摄就完成了。整体的拍摄步骤就如同削苹果一样，大概需要 40 张照片能够完成完整的 720 全景的拍摄(图 4.2)。

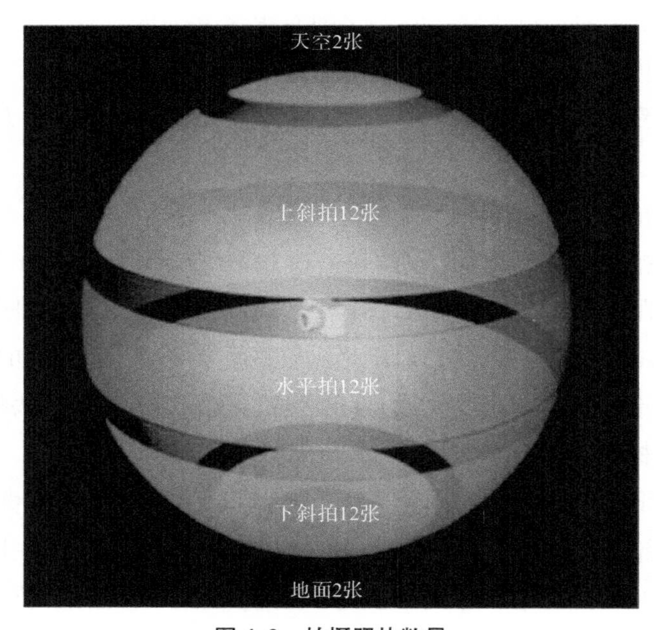


**图 4.2　拍摄照片数量**

(4)补地拍摄

补地拍摄有两种拍摄方法:一种斜拍补地的方式,另一种是外翻补地的方式。这两种拍摄方法任何镜头都是适用的,这两种拍摄方法最大的区别就是外翻补地通常更适用于有全景云台的情况。在有全景云台的情况下,外翻补地可以不改变节点所以更方便。当然也可以不借助全景云台的帮助,采用斜拍补地的方式进行拍摄。

1)斜拍补地

斜拍补地就是在完成所有其他角度的拍摄后,移动三脚架跳出原来的节点,然后使用斜下方向的拍摄角度拍摄原三脚架位置的地面画面。首先可以将镜头调整到垂直向下的方向,先拍摄一张镜头节点没有改变的带着三脚架的地面照片。然后移动三脚架跳出原来的节点对准原来三脚架的位置进行一张斜下方向的补拍,注意移动三脚架前需要在三脚架中心底部放置一个参照物,以保证跳出原节点后能够准确找到原来三脚架的位置,然后在对准原三脚架位置后,拿走参照物进行补地拍摄。

2)外翻补地

首先将镜头调整到垂直向下的方向,拍摄一张镜头节点没有改变的、带着三脚架的地面照片。然后在三脚架中心底部放置一个参照物,利用全景云台将相机向后翻转,移动三脚架使镜头中心点对准参照物拍摄一张照片。再将三脚架以及相机整体移动到刚才拍摄时的相对侧,也就是镜面移动,像照镜子一样移动到对面,同样再次对准参照物,拿走参照物再进行一次补地拍摄。外翻补地的拍摄过程就完成了。

如果球体上每个方框代表一次拍摄,在这样的案例中就需要拍摄大量的张数(图 4.3),这样无疑对拍摄的要求、后期的拼合、电脑的硬件要求都会提高。但是如果使用广角镜头或者鱼眼镜头,相机的视角就会大很多,对应得到球体的方块面积就会大很多,随之铺满整个球面的方块个数就会减少。

**图 4.3 全景瓦片**

要拍摄完美的全景照片就要使用镜头节点当旋转中心，这样在拍摄的多张照片中的物体都不会产生位移，可以完美无缺地连接成一张超广角照片。在影视拍摄时可以运用镜头节点技术进行背景的完美叠加。一般情况下，6 张图即可，前后左右下上，要求每张图片都有重合部分，当然图片越多效果越好。

一般情况下，地面往往有三脚架，需要采用一些技巧去除掉三脚架的痕迹，以保证全景图片的完美(图 4.4)。

**图 4.4　6 张全景瓦片**

### 4.1.2　全景相机采集

全景相机是一种全新的全景采集工具，它不仅仅能够实现一键拍摄全景图像，还能够将全景照片和全景视频发布到互联网上和网友们直接分享。在很多摄影师和数码爱好者的心目中，全景相机已经成为新的时尚宠儿。目前，已经有很多厂家开始涉足专业全景相机的设计和生产领域。这其中既有诺基亚、GoPro 这样的老牌科技厂商，也有 Insta360、得图这样的新兴科技厂商，一时间让全景相机成为一种风潮。

全景相机，就是可以拍摄水平 360°×垂直 180°全方位全景图像的摄像设备，至少需要两个相机。目前，消费级全景相机主要是两个鱼眼相机的组合，比如理光(RICOH)的 Theta S 全景相机。

全景相机拍摄的多个角度的影像经过全景拼接算法处理后，可以将多个相机拍摄的局部二维图像合成 360°×180°的球形影像。观看全景图片或视频需要智能手机或者 VR 眼镜，其中使用 VR 眼镜效果更好，因为 VR 眼镜可以利用内置陀螺仪和加速度计侦测头部动作，自由转动头部观察时呈现出和人类观察真实世界一样的效果，给人身临其境的代入感。

全景相机目前主要有两种不同的类型。一种全景相机采用小视场角镜头或其光学零件运动扫描地物，相机光轴指向便连续改变，从而实现了扩大横向幅宽的全景摄影，如智能手机中的全景拍照模式。另一种全景相机采用大广角镜头或鱼眼镜头通过拼接技术将多个广角或鱼眼镜头拍摄的画面合成最终的影像。这种全景相机分辨率高，幅宽可以达到360°全景，对后期拼接技术依赖较大，最终影像清晰度更高一些。

#### 4.1.2.1　拍摄区别

全景相机拍摄的360°全景图和智能手机里以旋转方式拍摄的全景图有较大区别，如下所述。

①手机旋转方式需要用户沿着箭头保持水平旋转一周拍摄，一边旋转一边保持水平比较困难。如果在垂直方向上抖动较大，还容易引起一些拼接错位和画面缺失。用户体验并不是很好。而全景相机工作时不需要旋转，能够在水平和垂直方向同步一键拍摄。

②手机旋转方式拍摄最大的问题是无法处理场景中有运动物体的情况，会发生严重的扭曲变形。而全景相机是多相机多角度同步工作，所以适用于静态和动态所有的场景。

③手机旋转方式拍摄受手机镜头垂直视场角的限制，通常拍摄的是部分全景图，即不能覆盖360°×180°的整个球形空间，而全景相机可以做到。

#### 4.1.2.2　相机研发难点

全景相机的核心技术是全景图像拼接算法。单个相机镜头的视场角有限，不能覆盖全部的视场，因此组成全景相机中的每个相机只能负责拍摄一部分场景，然后需要利用全景图像拼接算法对多个相机拍摄的局部场景进行拼接。这里算法的作用是决定整个系统性能和效果的关键。主要存在以下难点。

(1)多相机成像一致性很难保证

这个一致性包括曝光一致、白平衡一致、帧同步等。前两个需要提前校准，而普通的消费级相机很难做到严格帧同步。保证多相机成像一致性在6个以上相机组成的全景相机中非常关键。

(2)很难做到“天衣无缝”的拼接效果

多相机成像一致性、相机标定的精度、被摄场景里的物体离镜头的距离等许多因素都会对拼接效果产生不良影响。这可能会导致运动物体会出现“穿越”的效果，以及运动物体边缘重影、扭曲变形等。一般情况下相机越多，重合区域也越大，拼缝越不明显，但算法复杂度、处理速度也会指数倍提升。

(3)全景图像拼接算法复杂度远远高于普通的图像拼接算法

普通的图像拼接算法是将数张有重叠部分的图像拼成一幅较大的无缝高分辨率图像，一般视场角会比较小。全景图像拼接其实是普通图像拼接的一个极端情况，此时很多小视角情况下的假设已经不再成立。关于全景图像拼接算法会在之后的章节里继续介绍。

(4)相机数目较多时计算量、数据传输量会急剧增加

17 个相机组成的 surround360，若视频帧率是 30FPS，那么每秒钟需要传输和处理的数据量就是 17GB。这对系统资源占用率、传输带宽、存储速度都提出了很大的挑战。

#### 4.1.2.3 主流相机设备

与旋转相机相比，全景相机智能化程度更好，为后续图像拼接提供了更好的图片素材，甚至有些全景相机提供了拼接功能，能直接输出全景图片，省去了后续图像拼接的操作手续。

目前，市场上提供的全景相机主要有以下几类：专业级全景相机/消费级全景相机。

(1)Ladybug 全景摄像机

Ladybug 全景摄像机是一款专用于全景成像的多相机组件(图 4.5)。Ladybug 是全球较好的高速实时视频流全景相机。主要由成像模块、采集控制模块、机械防水外壳组成。它采用 6 台 500 万像素高清 CCD，5 台在侧面，1 台在顶部，能够实时完成 6CCD 的图像采集、处理、拼接和校正等工作，输出全景 360°全景和视频，适用于全景电子地图以及地理测绘等应用。

**图 4.5 Ladybug 全景相机**

主要特点有以下几点。

1)高分辨率

单幅图像分辨率可达 3000 万。

2)高采集速度

40km/h,10fps@1.1m。

3)可实时传输

采用 JPEG 实时压缩,USB3.0 传输,可确保满分辨率满速传输。

4)相机控制

普通的帧速、快门、增益,JPEG 压缩级控制、彩色处理算法设置、全景图像显示。

但是,此款相机只能外接计算机进行拍摄,在移动性和便携性方面还有诸多不便。

目前的型号有 LD3-20S4C-33、LD5P-U3-51S5C-R/B,其相机参数见表 4.1。

表 4.1　Ladybug 相机参数

| 型号 | 分辨率 | 帧速 | 数据接口 | 芯片类型 |
|---|---|---|---|---|
| LD3-20S4C-33 | 1600×800 | 16 fps / 6.5 fps | 1394 | CCD |
| LD5P-U3-51S5C-R/B | 2448×2048 | 30 fps / 60 fps | USB 3.0 | CMOS |

(2)GoPro 多相机组合

此相机使用著名的运动相机 GoPro(图 4.6)通过第三方支架进行组合,目前为此设备研发支架的国内有天狗全景支架,国外有 freedom360、heros360,同步遥控相机的拍摄,后期拍摄完成的 6 幅单独的视频通过合成软件合成为一个整体的全景视频进行播放。GoPro 运动相机先天的优势是此相机最大的亮点,配合车载装置、无人机、防水壳等配件,可轻松地实现在各种环境下的拍摄工作。

图 4.6　GoPro 全景相机

(3)Bublcam 球型相机

Bublcam 是地球上最具创意的一款 360°全景摄像机(图 4.7)。它极其轻便和便携,体积仅略大于棒球,但具有 1080p 15fps/720p 30fps 的视频拍摄能力和 1400 万像素的球形照片拍摄能力。拍摄的内容被存储到 MicroSD 卡上甚至云端服务器上,并可以方便地分享给别人。而通过其软件套件,能够让用户可以获得在任何地点的上下左右全景体验。

**图 4.7　Bublcam 球型相机**

(4)理光 Theta360 相机

理光 Theta 360 采用了正反面双镜头光学系统,能够同时拍摄四周及上面和下面的场景,并生成具有球面效果的三维全景照片(图 4.8)。镜头焦距从 10cm 至无限远,ISO 感光度为 100～1600,快门速度范围为 1/8000～1/7.5s,同时相机还自带自动曝光和白平衡控制功能。目前看来,理光 Theta 设备还处于民用娱乐阶段。

**图 4.8　理光 Theta360 相机**

制作全景图现在有两种方式:第一种多角度拍摄后用缝合拼接软件(造景师、720 云、全景网)或者 PS 做成全景图,优势是像素高、成像质量好,劣势是拼接费事,缝隙处理没有保障。第二种是现成的全景设备直接拍摄,由硬件软件的支持可以直接输出全景图,国内外这样的设备已经很多。圈内用得最多的是 GoPro(后期缝合)、理光的 Theta(机内缝合)、得图的 F4(机外缝合)、Insta360bate(机外缝合)、完美幻境的eyesir(4K机内缝合),这些设备各有优劣。这种设备的优势就是足够便捷效率,但是效果可能仅差强人意。

## 4.2　路网数据采集

移动导航所需的数字地图中的基本要素可以分为路网和地物两类。路网是构成道路网的所有道路,地物是指与导航相关的地物信息。路网是移动导航的核心,为导航提供空间位置服务信息。

路网采集的信息主要有以下几点。

①道路的几何图形信息。

②道路的名称、方向(单、双向)。

③道路的级别(省道、国道、主干道、辅道等)。

④路长、路宽、路高、坡度、载重等。

⑤其他附件信息(如限速、收费等)。

随着测绘测量学的发展以及开源信息的协作共享,路网信息的采集也变得丰富多样,大致可分为四类:基于测绘学的道路测量、基于OSM(Open Street Map)的道路提取、基于遥感影像的道路提取、基于移动车辆的道路提取。

### 4.2.1　基于测绘学的道路测量

道路测量是为各等级线路的设计及施工服务的。它的任务有两个方面:一是为线路工程的设计提供地形图和断面图,主要是勘测设计阶段的测量工作;二是按设计位置要求将线路敷设于实地,主要是施工放样的测量工作。整个线路测量工作包括下列内容。

①收集规划设计区域内各种比例尺地形图、平面图和断面图资料,收集沿线水文、地质以及控制点等有关资料。

②根据工程要求,利用已有地形图,结合现场勘察,在中小比例尺图上确定规划路线走向,编制比较方案等初步设计。

③根据设计方案在实地标出线路的基本走向,沿着基本走向进行控制测量,包括平面控制测量和高程控制测量。

④结合线路工程的需要,沿着基本走向测绘带状地形图或平面图,在指定地点测绘工地地形图(如桥位平面图)。测图比例尺选定根据不同工程的实际要求参考相应的设计及施工规范。

⑤根据设计图纸把线路中心线上的各类点位测设到地面上,称为中线测量。中线测量包括线路起止点、转折点、曲线主点和线路中心里程桩、加桩等。

⑥根据工程需要测绘线路纵断面图和横断面图。比例尺则依据不同工程的实际要求选定。

⑦根据线路工程的详细设计进行施工测量。

⑧工程竣工后，按照工程实际现状测绘竣工平面图和断面图。

#### 4.2.1.1 基本特点

(1)全线性

测量工作贯穿于整个线路工程建设的各个阶段。以公路工程为例，测量工作开始于工程之初，深入于施工的各个点位。公路工程建设过程中时时处处离不开测量技术工作，当工程结束后，还要进行工程的竣工测量及运营阶段的稳定监测。

(2)阶段性

这种阶段性既是测量技术本身的特点，也是线路设计过程的需要。线路设计和测量之间的阶段性关系见图 4.9，反映了实地勘察、平面设计、竖向设计与初测、定测、放样各阶段的对应关系。阶段性有测量工作反复进行的含义。

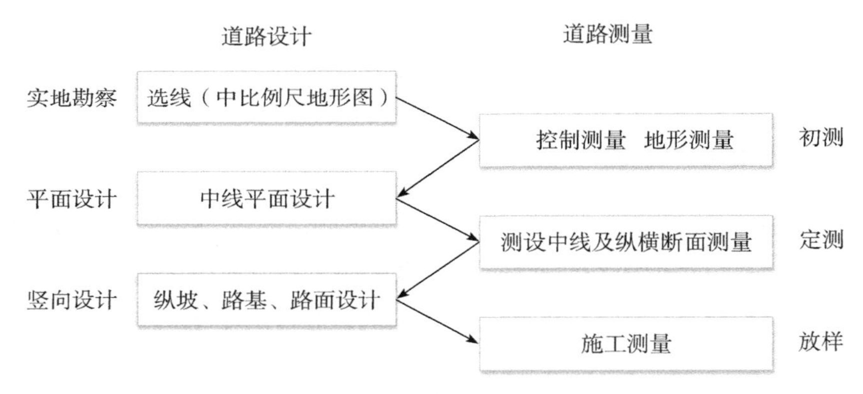


**图 4.9　线路设计和测量之间的阶段性关系**

(3)渐进性

线路工程从规划设计到施工、竣工经历了一个从粗到细的过程，其完美设计是逐步实现的。完美设计需要勘测与设计的完美结合，设计技术人员懂测量，测量技术人员懂设计，完美结合在线路工程建设的过程中实现。

#### 4.2.1.2 基本过程

(1)规划选线阶段

规划选线阶段是线路工程的开始阶段，一般内容包括图上选线、实地勘察和方案论证。

1)图上选线

根据建设单位提出的工程建设基本思路，选用合适比例尺的地形图(1：50000～1：5000)，在图上比较、选取线路方案。现实性好的地形图是规划选线的重要图件，可为线路工程初步设计提供地形信息，可以依此测算线路长度、桥梁和涵洞数量、隧道长度等项目，估算选线方案的建设投资费用等。

2)实地勘察

根据图上选线的多种方案，进行野外实地视察、踏勘、调查，进一步掌握线路沿途的实际情况，收集沿线的实际资料。特别要注意以下信息：有关的控制点；沿途的工程地质情况；规划线路所经过的新建筑物及交叉位置；有关土、石建筑材料的来源。地形图的现势性往往跟不上经济建设的速度，地形图与实际地形可能存在差异。因此，实地勘察获得的实际资料是图上选线的重要补充资料。

3)方案论证

根据图上选线和实地勘察的全部资料，结合建设单位的意见进行方案论证，经比较后确定规划线路方案。

(2)线路工程的勘测阶段

线路工程的勘测阶段通常分为初测阶段、定测阶段、线路工程的施工放样阶段和工程竣工运营阶段的监测。

1)初测阶段

在确定的规划线路上进行勘测、设计工作。主要技术工作有控制测量和带状地形图的测绘；为线路工程设计、施工和运营提供完整的控制基准及详细的地形信息；进行图上定线设计，在带状地形图上确定线路中线直线段及其交点位置，标明直线段连接曲线的有关参数。

2)定测阶段

定测阶段主要的技术工作内容是，将定线设计的道路中线(直线段及曲线段)测设于实地；进行线路的纵、横断面测量，线路竖曲线设计等。

3)线路工程的施工放样阶段

根据施工设计图纸及有关资料，在实地放样线路工程的边桩、边坡及其他的有关点位，指导施工，保证线路工程建设的顺利进行。

4)工程竣工运营阶段的监测

线路工程竣工后，对已竣工的工程要进行竣工验收，测绘竣工平面图和断面图，为工程运营做准备。在运营阶段，还要监测工程的运营状况，评价工程的安全性。

#### 4.2.1.3 中线测量

(1)工作内容

道路中线测量的任务是将线路的中心线测设到地面上，作为道路工程施工的依据。中线测量是由设计单位在定测阶段完成的。在交接桩以后施工单位要进行施工复测，校核设计单位的测量成果，补钉丢失的桩点，加钉施工所需要的桩点。在施工过程中，要经常进行中线测量以控制各工程建筑物的正确位置。竣工后，还要进行全面系统的中线测量，为编制竣工文件提供依据。在不同阶段，尽管中线测量的具体条件、测量方法、施测要求等可能有所不同，但其基本内容都是相同的，主要包括直线的定向和距离测量、线路转向角测量、道路曲线控制桩及中桩的测设等。

中线测量的特点是整体性强、贯穿始终、工作量大、精度要求较高。因此，中线测量是道路测量的重点内容。

(2)交点及转点的测设

中线测量是把道路的中心线标定在地面上。中线的平面几何线型是由直线和曲线组成的。中线测量主要包括测设中线起点、终点及各交点(JD)、主点和转点(ZD)，量距和钉桩、测量路线各偏角($\alpha$)、测设圆曲线及缓和曲线等。

1)交点的测设

由于定位条件和现场情况不同，交点测设方法也需灵活多样，工作中应根据实际情况合理选择测设方法。目前，常用的方法有距离交会法、直角坐标法和极坐标法。

2)转点的测设

当两交点间距离较远但尚能通视或已有转点需要加密时，可采用经纬仪直接定线，或采用经纬仪正倒镜分中法测设转点。当相邻两交点互不通视时，可用下述方法测设转点。

3)归化法测设交点和转点

归化法测设交点和转点(以及线路中心线上的任何一点)，是先用极坐标法放样一个点作为临时过渡点，放样后埋设标志桩，待埋设的标志桩稳定后，再用附和导线的方法，测量过渡点与已知点之间的关系(边长、夹角或坐标)，并与导线点联测。然后按导线坐标计算的方法进行平差计算求得测算值，将其与设计值比较得其差数，最后从该过渡点出发修正这一差数，把点归化到更精确的位置上去，从而在实地上得到更准确的交点和转点。

(3)道路中线转折角的测定

道路中线的转折角又称为偏角，是线路由一个方向偏转至另一个方向时两直线的夹角，常用$\alpha$表示，见图4.10。

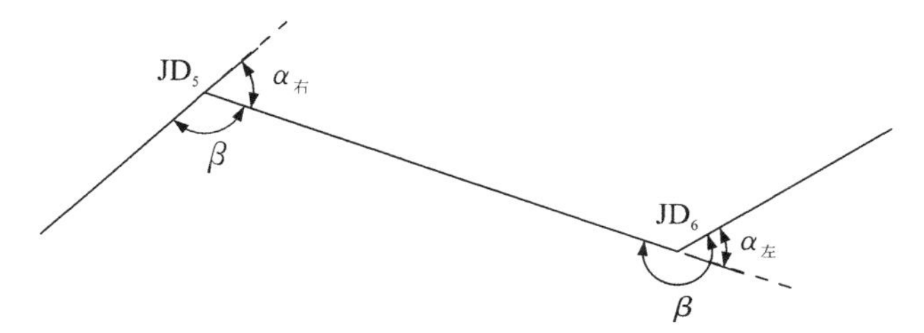


图 4.10　线路转角与偏角

根据线路偏转的方向，偏角有左、右之分，沿着路线前进的方向，偏转后方向位于原方向左侧时，称为左偏角 $\alpha_{左}$，位于原方向右侧时，称为右偏角 $\alpha_{右}$。在线路测量中，通常使用的是观测线路的右角 $\beta$，按式(4.1)计算。

$$\begin{cases}\alpha_{右}=180^{\circ}-\beta \\ \alpha_{左}=\beta-180^{\circ}\end{cases} \tag{4.1}$$

右角的观测通常用DJ6经纬仪(或全站仪)测回法观测一个测回，两半测回角度之差误差值一般不超过±40"。

根据曲线测设的需要，在右角测定后，要求在不变动水平度盘位置的情况下，定出 $\beta$ 角的分角线方向(图4.11)，并钉桩标志，以便将来测设曲线中点时使用。

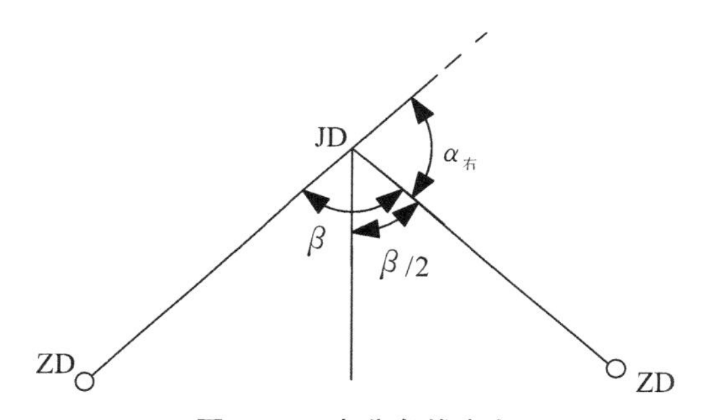


图 4.11　定分角线方向

测设角度时，后视方向的水平度盘读数为 $a$，前视方向的读数为 $b$，分角线方向的水平度盘读数为 $c$。因 $\beta=a-b$，则可得出式(4.2)。

$$\begin{cases}c=b+\dfrac{\beta}{2} \\ c=\dfrac{a+b}{2}\end{cases} \tag{4.2}$$

此外，在角度观测后，还需用测距仪或全站仪测定相邻交点间的距离，以供中桩测距人员检核之用。

(4)道路中桩的测设

道路中桩也称为里程桩，从线路的起点开始，需沿线路方向在地面上设置整桩和加桩，这项工作称为中桩测设。在中线交点、转点及转角测定之后，即可进行实地量距、设置里程桩、标定中心线位置。设置里程桩有两重作用，既标定了路线中心线的位置和长度，又是实测线路纵、横断面的依据。中桩测设是在中线测量的基础上进行的，它是从起点开始，按规定每隔一整数距离设一桩，此为整桩。根据不同的线路，整桩之间的距离也不一样，一般为 20m、30m、50m 等（曲线上根据不同半径 $R$，每隔 20m、10m、5m）。在相邻整桩之间线路穿过的重要地物处（如铁路、公路、管道、沟、河等）及地面坡度变化处要增设加桩。因此，加桩又分为地形加桩、地物加桩、曲线加桩和关系加桩等。

#### 4.2.1.4 线路纵、横断面测量

线路纵断面测量又称为线路水准测量，是把线路上各里程桩的地面高程测出来，绘制成中线纵断面图，供路线纵坡设计、计算中桩填挖高度用，以决定线路在竖直面上的位置。横断面测量是测定各中心桩两侧垂直于路线中心线的地面高程，绘制横断面图，供路基设计、土石方量计算及施工放样边桩用。

（1）线路纵断面测量

为了提高测量精度和便于成果检查，线路水准测量一般分两步进行：首先在线路中线附近设置水准点，建立高程控制网，称为基平测量。其次是根据各水准点高程，分段进行中桩水准测量，称为中平测量。基平测量的精度要求比中平测量高，一般按四等水准测量的方法及精度实测；中平测量只作单程观测，按普通水准测量的精度并以附合导线的方法实测。

（2）横断面测量

横断面测量，就是测定中桩两侧垂直于中线方向地面变坡点间的距离和高差，并绘制成横断面图，供路基、边坡、特殊构造物的设计、土石方计算和施工放样用。横断面测量的宽度，应根据中桩填挖高度、边坡大小以及有关工程的特殊要求而定，一般自中线两侧各测 10～50m。除每个中桩均应施测外，在大、中桥头，隧道口，挡土墙等重点工程地段，可根据需要加密。横断面测量的限差一般为高差容许误差 $\Delta h = 0.1 + h/20$(m)。式中，$h$ 为测点至中桩间的高差，水平距离的相对误差为 1/50。

### 4.2.2 基于 OSM 的道路提取

#### 4.2.2.1 OSM 简介

OSM 是一个网上地图协作计划，目标是创造一个内容自由且能让所有人编辑的世界地图，号称地图界的维基百科，在 2004 年 7 月由史蒂夫·克斯特始创。

OSM 由网络大众共同打造的免费开源、可编辑的地图服务，利用公众集体的力

量和无偿的贡献来改善地图相关的地理数据。OSM 是非营利性的，它将数据回馈给社区重新用于其他的产品与服务。系统主界面见图 4.12。

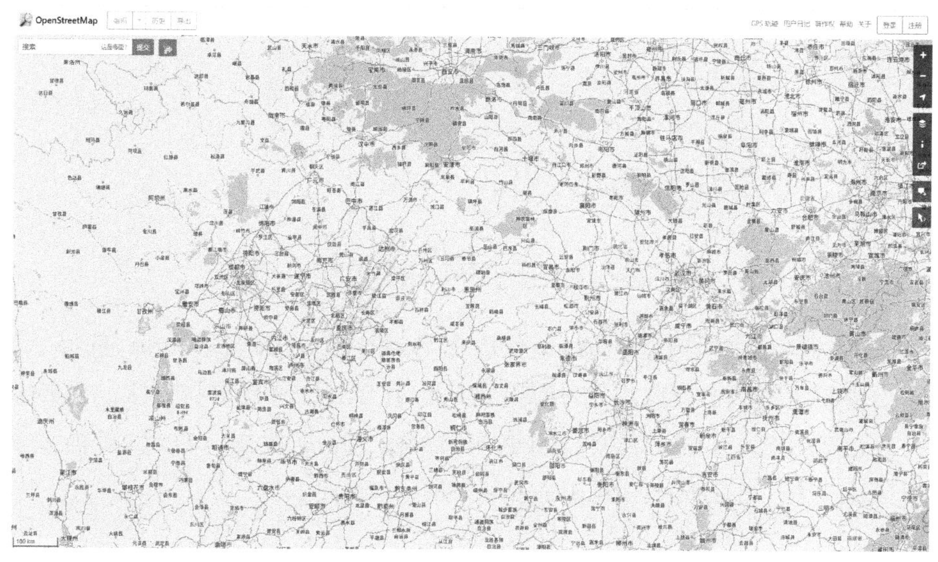

图 4.12 OSM 系统主界面

2006 年 4 月，OSM 基金会成立，鼓励自由地理数据的增长、发展和分布，并向所有人提供地理数据以供使用及分享。OSM 的特点是，每个人都是地图的绘制者，用户可以向这个平台添加、修改路网信息，地图的制作成本大大降低，但也存在一定的更新和时效问题。例如，编辑者恶意添加错误信息和剔除有效信息，以及路网信息的有效或实时更新存在问题。这些问题在一定程度上阻碍了 OSM 的发展与推广。

#### 4.2.2.2 OSM 数据获取方法

获取 OSM 数据方法有许多，可直接在 OSM 官网下载，可以用 QGIS 软件下载，也可以下载 ArcGIS Editor for OpenStreetMap 插件进行下载。

(1)OSM 官网下载

①在 OSM 地图上，绘制矩形框，然后下载矩形框内的数据。

②下载指定地名区域的地图矢量数据。打开 OSM 首页，单击图 4.13 右上角的导出，可以看到有许多数据来源的网站，选择 Geofabrik 下载就可以进入下载：http://download.geofabrik.de/。

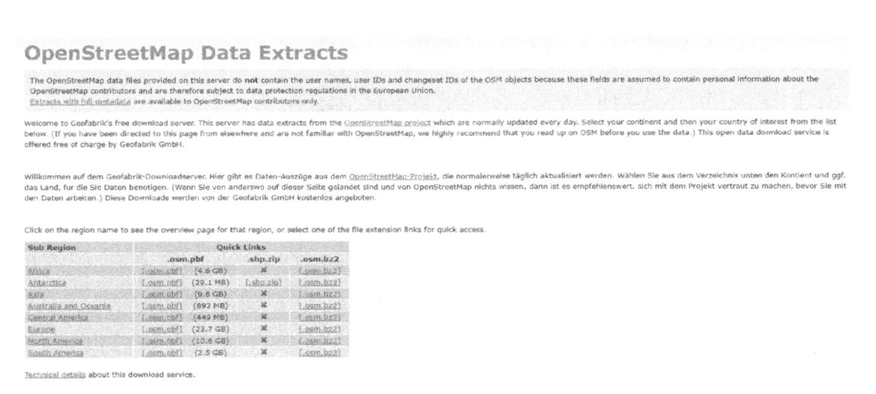

OpenStreetMap Data Extracts

The OpenStreetMap data files provided on this server do **not** contain the user names, user IDs and changeset IDs of the OSM objects because these fields are assumed to contain personal information about the OpenStreetMap contributors and are therefore subject to data protection regulations in the European Union.
Extracts with full metadata are available to OpenStreetMap contributors only.

Welcome to Geofabrik's free download server. This server has data extracts from the OpenStreetMap project which are normally updated every day. Select your continent and then your country of interest from the list below. (If you have been directed to this page from elsewhere and are not familiar with OpenStreetMap, we highly recommend that you read up on OSM before you use the data.) This open data download service is offered free of charge by Geofabrik GmbH.

Willkommen auf dem Geofabrik-Downloadserver. Hier gibt es Daten-Auszüge aus dem OpenStreetMap-Projekt, die normalerweise täglich aktualisiert werden. Wählen Sie aus dem Verzeichnis unten den Kontient und ggf. das Land, fur die Sie Daten benotigen. (Wenn Sie von anderswo auf dieser Seite gelandet sind und von OpenStreetMap nichts wissen, dann ist es empfehlenswert, sich mit dem Projekt vertraut zu machen, bevor Sie mit den Daten arbeiten.) Diese Downloads werden von der Geofabrik GmbH kostenlos angeboten.

Click on the region name to see the overview page for that region, or select one of the file extension links for quick access.

| Sub Region | Quick Links | | | |
|---|---|---|---|---|
| | .osm.pbf | | .shp.zip | .osm.bz2 |
| Africa | [.osm.pbf] | (4.6 GB) | × | [.osm.bz2] |
| Antarctica | [.osm.pbf] | (29.1 MB) | [.shp.zip] | [.osm.bz2] |
| Asia | [.osm.pbf] | (9.8 GB) | × | [.osm.bz2] |
| Australia and Oceania | [.osm.pbf] | (892 MB) | × | [.osm.bz2] |
| Central America | [.osm.pbf] | (449 MB) | × | [.osm.bz2] |
| Europe | [.osm.pbf] | (23.7 GB) | × | [.osm.bz2] |
| North America | [.osm.pbf] | (10.6 GB) | × | [.osm.bz2] |
| South America | [.osm.pbf] | (2.5 GB) | × | [.osm.bz2] |

Technical details about this download service.

图 4.13　数据下载页面

以中国为例，在表格内选择 Asia，然后在 SubRegion 内选择 China，选择 . shp. zip 数据，单击直接下载（图 4. 14）。解压后，就可以在 ArcGIS 直接打开了。数据量很庞大，需要自己先整理。OSM 数据定期更新。单击 China 按钮，可以查看数据的更新时间，也可以下载 china-latest. shp. zip。

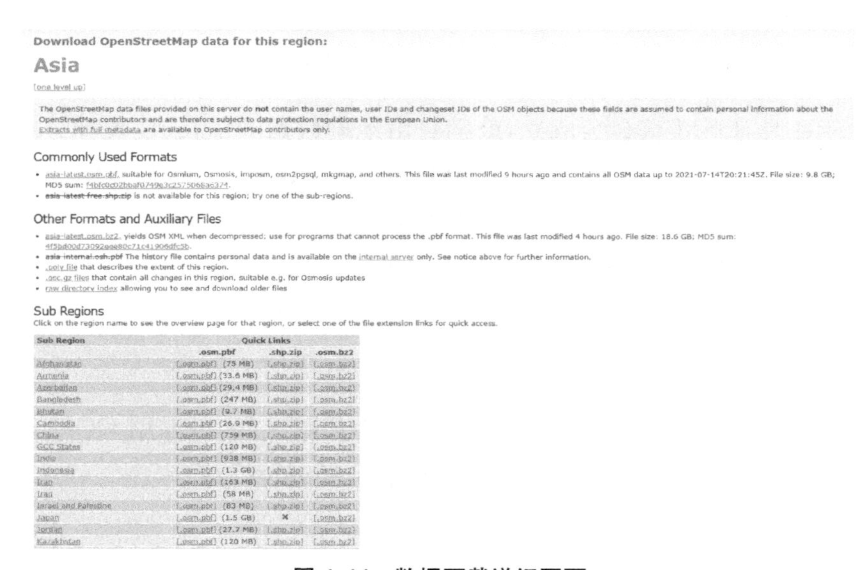

Download OpenStreetMap data for this region:

Asia

[one level up]

The OpenStreetMap data files provided on this server do **not** contain the user names, user IDs and changeset IDs of the OSM objects because these fields are assumed to contain personal information about the OpenStreetMap contributors and are therefore subject to data protection regulations in the European Union.
Extracts with full metadata are available to OpenStreetMap contributors only.

Commonly Used Formats

- asia-latest.osm.pbf, suitable for Osmium, Osmosis, imposm, osm2pgsql, mkgmap, and others. This file was last modified 9 hours ago and contains all OSM data up to 2021-07-14T20:21:45Z. File size: 9.8 GB; MD5 sum: f4bfc0c02bbaf0749e3c2575068a6374.
- ~~asia-latest-free.shp.zip~~ is not available for this region; try one of the sub-regions.

Other Formats and Auxiliary Files

- asia-latest.osm.bz2, yields OSM XML when decompressed; use for programs that cannot process the .pbf format. This file was last modified 4 hours ago. File size: 18.6 GB; MD5 sum: 4f5bd00d73092eae80c71c41906dfc5b.
- ~~asia-internal.osh.pbf~~ The history file contains personal data and is available on the internal server only. See notice above for further information.
- .poly file that describes the extent of this region.
- .osc.gz files that contain all changes in this region, suitable e.g. for Osmosis updates
- raw directory index allowing you to see and download older files

Sub Regions

Click on the region name to see the overview page for that region, or select one of the file extension links for quick access.

| Sub Region | Quick Links | | | |
|---|---|---|---|---|
| | .osm.pbf | | .shp.zip | .osm.bz2 |
| Afghanistan | [.osm.pbf] | (75 MB) | [.shp.zip] | [.osm.bz2] |
| Armenia | [.osm.pbf] | (33.6 MB) | [.shp.zip] | [.osm.bz2] |
| Azerbaijan | [.osm.pbf] | (29.4 MB) | [.shp.zip] | [.osm.bz2] |
| Bangladesh | [.osm.pbf] | (247 MB) | [.shp.zip] | [.osm.bz2] |
| Bhutan | [.osm.pbf] | (9.7 MB) | [.shp.zip] | [.osm.bz2] |
| Cambodia | [.osm.pbf] | (26.9 MB) | [.shp.zip] | [.osm.bz2] |
| China | [.osm.pbf] | (759 MB) | [.shp.zip] | [.osm.bz2] |
| GCC States | [.osm.pbf] | (120 MB) | [.shp.zip] | [.osm.bz2] |
| India | [.osm.pbf] | (938 MB) | [.shp.zip] | [.osm.bz2] |
| Indonesia | [.osm.pbf] | (1.3 GB) | [.shp.zip] | [.osm.bz2] |
| Iran | [.osm.pbf] | (163 MB) | [.shp.zip] | [.osm.bz2] |
| Iraq | [.osm.pbf] | (58 MB) | [.shp.zip] | [.osm.bz2] |
| Israel and Palestine | [.osm.pbf] | (83 MB) | [.shp.zip] | [.osm.bz2] |
| Japan | [.osm.pbf] | (1.5 GB) | × | [.osm.bz2] |
| Jordan | [.osm.pbf] | (27.7 MB) | [.shp.zip] | [.osm.bz2] |
| Kazakhstan | [.osm.pbf] | (120 MB) | [.shp.zip] | [.osm.bz2] |

图 4.14　数据下载详细页面

（2）ArcGIS Editor for OpenStreetMap 插件下载

在 ArcToolbox-OpenStreetMap Toolbox 工具中，单击 Download OSM data 就可以下载地图数据，可采用经纬度确定范围，只需在 Top、Bottom、Left、Right 输入经纬度即可，也可以用原有的矢量图（shp 文件）进行框定范围，进行下载。一次性下载对范围会有所限制，也会导致下载失败，可采用分片分块的方式进行大范围区域的数据下载。

(3)QGIS 下载

在 QGIS 软件菜单栏选址 Vector，点击 Openstreetmap-Download Data，打开 OSM 网站，选择范围，选择 Manual 填写范围就可进行数据下载。

#### 4.2.2.3　OSM 路网获取方法

(1)压缩包中裁剪指定区域的路网

采用从 Geofabrik 下载的数据包进行路网数据的提取。该方法优点有下载的直接是 shp 文件，无需从 osm 文件转为 shp 文件；压缩包中有分好类的 road 数据。缺点有压缩包文件可能过大，下载可能较慢；要有城市的边界 shp 或是研究区域的边界 shp 文件，方便裁剪。

适用范围为已有研究区域边界的情况下，用这种方法比较很方便，第一步下载，第二步裁剪，裁剪完就能用，不用再格式转换和分类。

裁剪操作可选择 ArcMap 或 QGIS 等 GIS 软件。

(2)用 overpass 工具下载路网数据

通过 OSM 获取城市道路网的数据难点在于取数据的框一般都是矩形框，很难划定城市边界，以及如何从众多图层中只获得路网数据。

可根据城市名获取对应 ID，然后通过城市 ID 获取路网数据。该方法优点有无需城市行政区划边界，即可下载到某城市的路网。缺点有下载下来的并不单单是 road，还包含 road、water、waterway 等混合的数据源，需要提取出 road 数据；下载的数据类型是 osm，需要转换为 shp 格式。

overpass 官方网站(http://www.overpass-api.de/index.html)见图 4.15。

图 4.15　Overpass 页面

点击第二栏的 Query —>Query and Convert Forms，在 Overpass API Query Form 下方的输入框中输入如下代码：

```
<osm—script>
  <query type="relation">
    <has—kv k="boundary" v="administrative"/>
    <has—kv k="name:zh" v="城市名称"/>
  </query>
  <print/></osm—script>
```

其中，name:zh 代表中文地址，默认输出格式为 XML，也可以将<osm—script>修改为<osm—script output="json">，那么输出数据格式为 JSON。

点击 Query 按钮，可将结果从浏览器下载到本地，文件名为 interprept，用记事本打开该文件，找到<relation id="">，即可拿到城市的 ID 信息。

在主界面的 Overpass API Query Form 输入如下代码：

```
<osm—script timeout="1800" element—limit="100000000">
  <union>
    <area—query ref="id 信息"/>
    <recurse type="node—relation" into="rels"/>
    <recurse type="node—way"/>
    <recurse type="way—relation"/>
  </union>
  <union>
    <item/>
    <recurse type="way—node"/>
  </union>
  <print mode="body"/>
</osm—script>
```

其中，<area—query ref="id 信息"/>中“id 信息”是上一步骤中拿到的 ID 加上 360000000 后得到的数字。ID 仅仅为所查询城市的行政区边界，如果想得到该市边界内所有的地图数据，我们需要在该 ID 号基础上加 3,600,000,000，得到最终的 ID 值。

点击 Query 按钮，即可将结果从浏览器下载到本地，文件名为 interprept，打开后即可得到路网数据。此时数据格式仍为 osm 标准的格式，需要转换为常用的 shp

格式。

#### 4.2.2.4 shp数据格式转换

(1)GeoConverter 工具

GeoConverter 工具是网页版,网址链接:https://geoconverter.hsr.ch/,该方法快速便捷、使用简单。

(2)ArcGIS Editor for OpenStreetMap 插件

新建一个文件地理数据库,使用 OpenStreetMap Toolbox.tbx 工具中的 Load OSM File 功能,将生成结果输出到刚刚新建的文件地理数据库,之后用 ArcGIS 随意转换需要的 shp 等格式。

(3)QGIS 软件

将下载的数据拖入 QGIS 软件中,若不显示,需要导入投影坐标系。然后在内容列表中选择数据,右键选择 Geometry Tools,单击 Export/Add geometry colums,再导出为 shp 后缀的数据。

### 4.2.3 基于遥感影像的道路提取

高分辨率卫星使得人们能够方便获取地理信息图像,而图像处理技术的发展可以让人们从图像中将道路提取出来。这方面的技术主要包括半自动道路提取技术、自动道路提取技术,以及最近研究的智能算法如神经网络等。目前各种商业地图如谷歌、百度地图等,都提供了卫星地图,路网信息在这些地图上一目了然。相对于其他路网提取的方法,基于遥感影像的方法相对精确,但是只能得到路网图像,这样的图像无法考虑道路的方向性、单双向性和拓扑结构。

#### 4.2.3.1 半自动化提取方法

计算机的自动识别能力还不够智能。对人类视觉来说,在遥感图像中判别道路是很容易的任务,但是对于计算机却是很困难的事情。然而计算机相比人类视觉却具有无可比拟的精确定位能力。因此结合两者优点,采用半自动化提取方法可取得很好的效果,这也是目前现实工作中比较实用的手段。

半自动化提取方法一般指通过人机交互提供给计算机一些先验信息,如初始的种子点和初始方向,再由计算机自动完成剩余的步骤。

(1)基于边缘跟踪方法

先给定初始的种子点和初始方向开始边缘跟踪,直到边缘终止处作为新的跟踪种子点，而边缘跟踪的路径就是一条候选道路段。

(2)最小二乘模板匹配方法

在给定特征点初始值的条件下，以最小二乘法估计模板与影像之间的几何变形参数，进而确定影像上曲线的具体参数得到道路的数学表示，该方法可以获得较高的精度。

(3)动态规划方法

首先沿道路给出一系列种子点，假设道路的一般参数模型，将其表达成种子点之间的代价函数，然后用动态规划确定种子点之间的最优路径，即候选道路段。

(4)LSB-Snakes 方法

结合最小二乘法与 Snakes 方法，将线状特征的数学曲线描述和影像中的边缘特征很好地结合，是目前理论上最为严密的方法。

#### 4.2.3.2 自动化提取方法

道路的自动化提取包括道路的识别和定位，与半自动化方法相比，缺少了人工辅助识别，但是计算机识别能力有限，所以目前还没有提出很成熟完善的自动化提取算法。目前的算法主要针对某种特定类型的道路，如高速公路或城市道路网中的主干道，或者针对场景简单的开阔乡村遥感图像。

(1)多分辨率提取算法

不同分辨率的遥感图像侧重于表现道路信息的不同方面：低分辨率遥感图像能够较好地表现道路的骨架和拓扑信息，而且受噪声影响较小；高分辨率遥感图像则侧重于表现道路的细节，如道路宽度、道路具体的连接方式，但往往容易受到环境噪声的影响，如阴影和遮挡模糊了道路边缘。所以充分利用各自的优点将两者结合起来提取道路是一个自然的选择，具体做法是在低分辨率图像中提取道路中心线信息，在高分辨率图像中提取道路的平行边缘，再将两步结果根据一定的规则融合。

(2)Snakes 方法

高分辨率遥感图像提供了更丰富的道路信息，但更多的噪声致使提取出的道路段往往断断续续，而且道路两条边缘的平行性往往被破坏。针对这种情况，从计算机图形学中引入 Snakes 概念，由于遥感图像中道路一般表现为一条平滑亮带，因此可以假设成具有一定宽度的平滑曲线，这时就可以利用 Ribbon Snakes 来优化道路边缘，从而得到两边平行的带状道路表示。这种方法的最大优点是得到的道路显示非常清晰。

(3)利用其他数据源作为对比或匹配的对象

可以将已有的地图数据或者 GIS 数据与遥感图像先进行配准,这样可以得到道路的粗略信息作为初始输入,再依据图像特征进行精确识别和定位,而且道路提取的结果可以直接反馈给其他数据源,从而完成数据源的更新和提高精确度。另外,可以利用数字地表模型,对遥感图像中的阴影进行预测和分析,从而将提取结果中的间断道路连接起来。

(4)数学形态学方法

利用数学形态学变换将灰度图像转换成二值图像,从而降低了图像的复杂度,图像中的像素被分成了道路和环境两类。对边缘进行跟踪得到线性特征,利用知识规则对线性特征进行道路识别,最后再对结果进行细节处理,如连接或优化。这种方法的优点是能很好地提取出道路骨架,但是提取出的道路边缘易受噪声影响而不够平滑和平行。

(5)概率统计的方法

道路在遥感图像中的分布一般具有一定的规律,如宽度变化小、方向变化缓、内部灰度较均衡、与背景差异较大,据此可以建立道路的统计概率模型,在检测窗口内计算每个像素属于道路的概率,再在全局上对结果进行判别和优化。这种方法可以很好地减小环境噪声的影响。

(6)网状模型的方法

这种方法首先利用各种线性或曲线特征提取算法得到候选道路段,但是这些候选道路往往是太离散的,而实际中的道路往往相互交叉连接,形成网状。所以这种方法充分利用道路网的拓扑特性,设定道路连接的评价函数,将候选道路段连接成网。

### 4.2.4 基于移动车辆的道路提取

基于移动车辆轨迹数据开展道路提取,获取成本低,更新速度快,也能使数据集得到快速的更新。基于移动车辆的道路提取也是目前的研究热点之一。

#### 4.2.4.1 基于轨迹聚类的道路提取方法

将原始轨迹聚类得到拟合道路的中心线而不是一系列的直线道路段,然后再形成道路。形成道路的过程就是根据原始轨迹和道路中心线的垂直偏移量沿着中心线对原始轨迹聚类,最后利用道路转换模型连接相邻的道路中心线从而形成道路(图 4.16)。

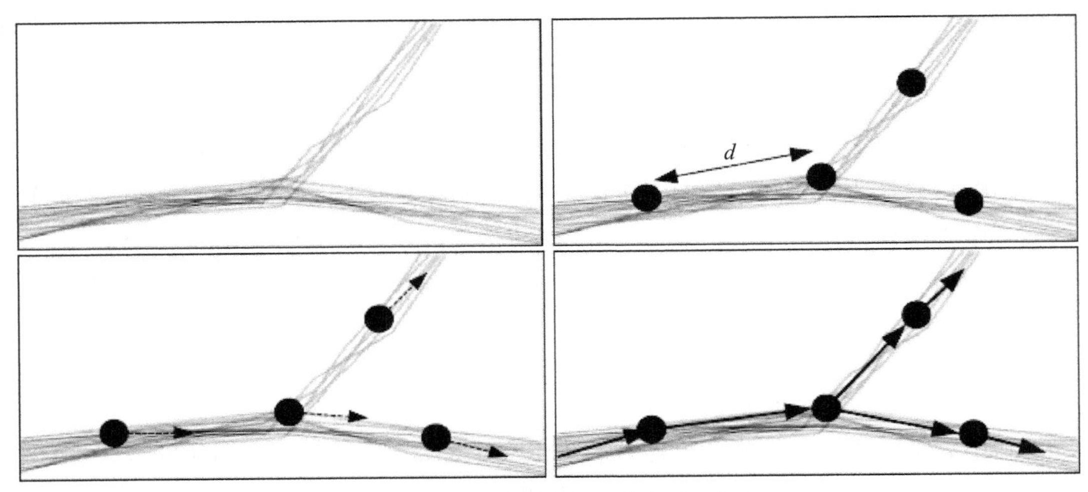


图 4.16 基于轨迹聚类的道路提取方法

基于轨迹聚类的道路提取方法的前提是原始轨迹都靠近得到的中心线,否则会产生很多噪点,对于多噪声的数据不适用。

#### 4.2.4.2 基于轨迹合并的路网提取方法

基于轨迹合并的路网提取方法一般都使用了贪心算法的思想,迭代每一条 GPS 轨迹,当遇到位置、方向相似的轨迹,就将这个轨迹进行一个加权,最后,当部分轨迹的加权值小于设定阈值时就去除这部分轨迹(图 4.17)。

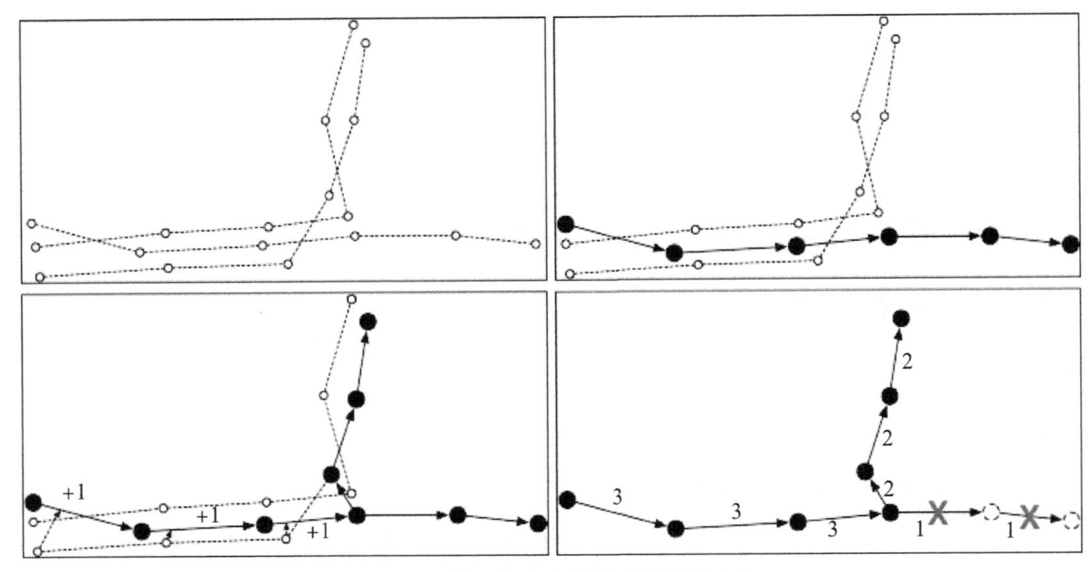


图 4.17 基于轨迹合并的路网提取方法

基于轨迹合并的路网提取方法在直线路段表现较好,但是算法的时间复杂度较高，比较耗时。

#### 4.2.4.3 基于核密度估计的路网提取方法

第一步，计算出当前区域的轨迹点或轨迹分段近似核密度估计；第二步，设定一个阈值得到一个道路黑白二值图像，黑色表示道路，白色表示非道路；第三步，利用不同方法从这个二值图像中提取出道路。基于核密度估计的路网提取方法处理过程见图 4.18，①为原始轨迹，②为计算核密度之后的结果，③为得到的黑白二值图像，④为最后得到道路中心线。这种方法的密度阈值不好确定，阈值过高不能提取出较小的道路，过低则会得到很多漂移道路。

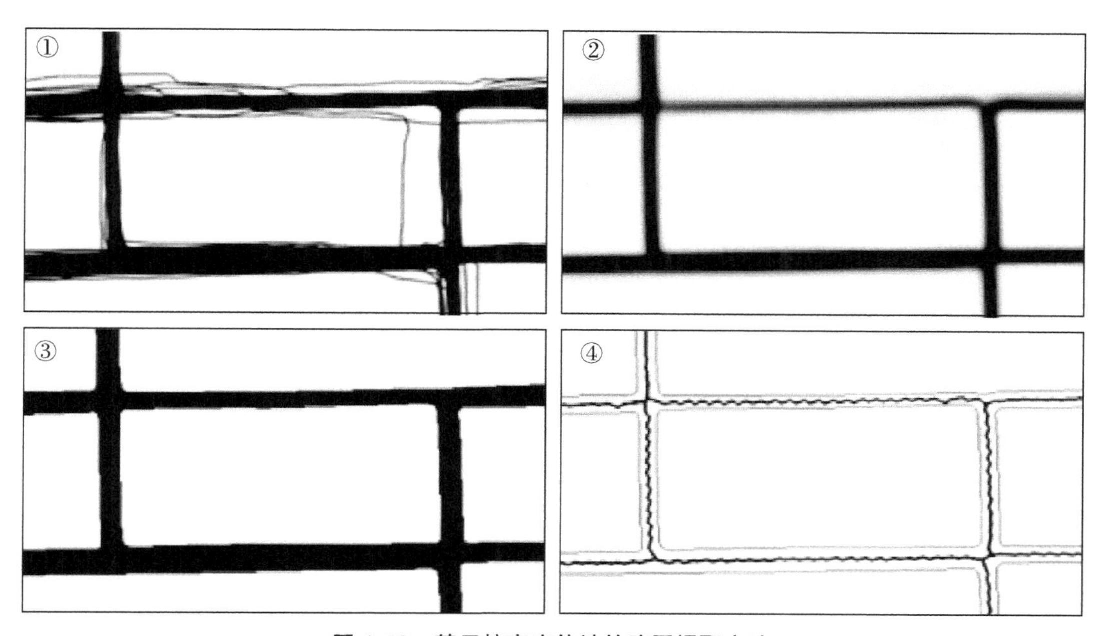


图 4.18 基于核密度估计的路网提取方法

### 4.2.5 道路提取效果评价

目前，关于地物、目标的半自动化、自动化、智能化提取是遥感解译中的研究热点，对于道路提取研究方法、手段很多，因此需要对道路提取算法进行评价。目前评价模型主要从 6 个方面进行。

(1)完全率

表示遥感图像中的道路有多大比例已经被提取出来。

(2)正确率

表示提取出的道路中有多大比例对应着现实中真实存在的道路。

(3)冗余率

表示提取结果中出现多条道路对应现实中同一条道路的比例。

(4)平均定位误差

指对应于实际物理世界中的道路,算法的提取结果相应的定位误差。这个标准定义了算法的精确度。

(5)每千米间断数

实际中的道路一般相连成网,而提取出的道路段往往离散,这个标准反映相对于实际的道路网,提取结果的离散度。

(6)平均间断长度

表示结果中出现的间断对应于物理世界的平均实际长度。

# 第 5 章 路网拓扑与最短路径研究

只有道路网，没有拓扑信息的地图不能称之为电子地图，也不能进行地图导航操作。如果没有各个道路段之间的连通关系信息，就不能实现道路推荐、路径导航的功能。用于导航的电子地图模型中，道路矢量的组成要素包括点和线段，因此，需要构建具备点和线段的道路网拓扑。

对现实中的城市道路交通网络进行最优路径规划，需要节点位置、路段几何长度、路段行程时间等多方面的特征信息与相对应的定量描述数据，这是分析路网表达方式与存储结构的基础。同时，对这些信息进行定量的描述会产生大量数据，如何将这些数据进行合理的组织，从而将路网的原型准确、全面且冗余小地表达出来，都需要研究路网模型及其相对应的数据存储结构。

## 5.1 路网模型

### 5.1.1 路网抽象

将现实中的路网进行抽象，建立相对应的路网模型，即网络图。一般通过“图”这种数据结构来进行表达，并使用图论中的各种图算法来研究其最优路径问题。

构建路网模型见式(5.1)。

$$\begin{cases} G=(V,E,W) \\ V=\{v_i \mid i=1,2,\cdots,n-1\} \\ E=\{<v_i,v_j> \mid v_i,v_j \in V\} \\ W=\{w_{ij} \mid <v_i,v_j> \in E\} \end{cases} \tag{5.1}$$

式中，$V$ ——顶点(节点)集；

$E$——边(路段)集，且路段 $<v_i,v_j>$ 与 $<v_j,v_i>$ 为两条不相同的路段；

$W$ ——路段 $<v_i,v_j>$ 的权重集，可根据不同的优化目标来选择其属性值。

对于实际的城市道路网络，一般情况下同一路段两个方向的交通信息是不相同的，因此使用有向图来表达实际路网。有向图虽然增大了路网的存储量，但能更全面地表达出路网的真实信息，如单行线、路段限行、路口的转向限制等特殊情况，而这些信息在最优路径规划时是必须考虑的因素，否则规划出来的路径可能会与实际路网不符。按照上述原则抽象后，可以进行路网模型的简单建立(图 5.1)。

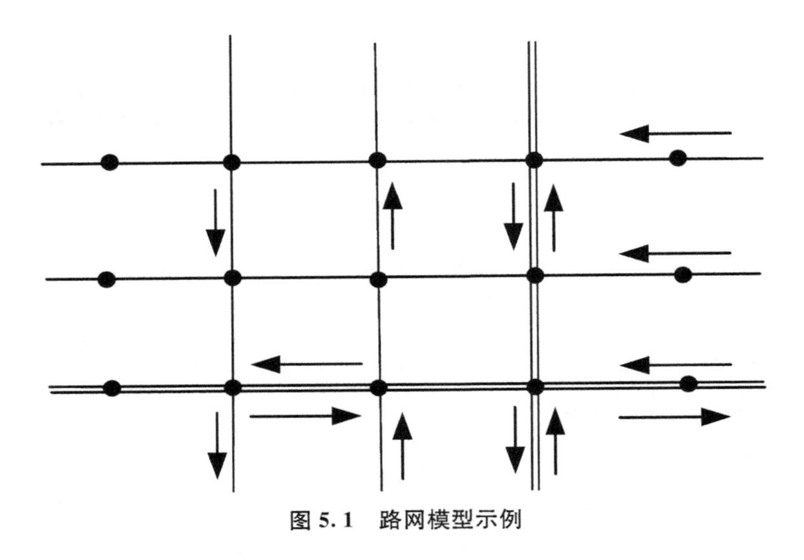

**图 5.1　路网模型示例**

在图 5.1 中，节点为十字路口或其他有意义的点。路段为两个节点之间的连线，具有方向性。同时图中还标出了路段的方向、路段限行以及路口的转向限制等信息。

### 5.1.2　权重计算

道路权重也称道路交通阻抗或路阻，其确定与计算是最优路径规划算法优化目标的依据，一般由路段权重和节点权重两部分组成。路阻是指出行者在出行中所付出的代价量度，是进行城市交通规划、交通流分配以及路径选择的主要参数。根据路阻是否随时间推移而变化可将其分为静态路阻和动态路阻。静态路阻有路段的长度、车道数、路面类型、道路等级、车道功能划分等，动态路阻有路段行驶速度、行程时间、拥挤程度等。在进行最优路径规划时，可根据出行者的偏好选择不同路阻，其对应的路径类型及特征见表 5.1。

#### 5.1.2.1　以几何距离为路阻

将实际道路网络中路段的几何距离作为路阻，是传统静态最优路径规划算法首选的优化参数指标。各个路段的权重很容易获得且一般很少变动，规划出来的结果也非常直观。

但该优化参数具有一定的局限性，只能用于道路比较畅通的城市道路交通网络。而对于现在的中、大型城市，交通路网的负荷一般都比较大，导致规划出来的结果往往与实际不符。同时，这种基于路段长度的路阻一般没有考虑节点处的路阻，会很大程度上影响路径规划的结果。

表 5.1 路径类型及特征

<table>
<tr><td colspan="2">路阻类型</td><td colspan="2">路径类型</td><td>计算依据</td><td>计算时间</td><td>参数获取</td><td>计算量</td></tr>
<tr><td colspan="2">几何距离</td><td colspan="2">距离最短</td><td>几何长度</td><td>事前计算</td><td>调查</td><td>小</td></tr>
<tr><td rowspan="5">行程时间</td><td rowspan="4">短时段</td><td rowspan="2">历史</td><td>静态最优</td><td rowspan="2">历史行程时间</td><td rowspan="2">事前计算</td><td rowspan="2">实测</td><td rowspan="2">小</td></tr>
<tr><td>动态最优</td></tr>
<tr><td rowspan="2">实时</td><td>静态最优</td><td>当前或未来各路段行程时间</td><td>实时计算</td><td>实测或预测</td><td>大</td></tr>
<tr><td>动态最优</td><td>当前或未来各路段行程时间</td><td>实时预测与计算</td><td>基于实测的预测</td><td>很大</td></tr>
<tr><td>长时段</td><td colspan="2">静态路径</td><td>当前或预测时段内各路段行程时间</td><td>实时或预测计算</td><td>实测或预测</td><td>大</td></tr>
<tr><td colspan="2">道路质量</td><td colspan="2">路况最优</td><td>道路长度、宽度及路面材料等</td><td>事前计算</td><td>调查</td><td>小</td></tr>
<tr><td colspan="2">拥挤程度</td><td colspan="2">最不拥挤</td><td>$[T(k)-T_0]/T_0$</td><td>实时计算</td><td>实测或预测</td><td>大</td></tr>
<tr><td colspan="2">综合路阻</td><td colspan="2">综合最优</td><td>若干参数的组合</td><td>实时预测与计算</td><td>调查、实测与预测</td><td>很大</td></tr>
</table>

#### 5.1.2.2 以行程时间为路阻

路段行程时间是指车辆通过该路段所需要的时间，一般可分为静态行程时间和动态行程时间。静态行程时间是路段的平均行程时间，是假设车辆通过某路段的行程时间在一段时间内保持不变所取得的平均值；动态行程时间是随时间动态变化的，依赖于车辆驶入该路段的时刻，可用时间依赖的函数来表示。

若以静态行程时间为路阻，其路段的平均行程时间见式(5.2)。

$$\overline{T_i}=\frac{L_i}{v_i} \tag{5.2}$$

式中，$\overline{T_i}$ ——路段 $i$ 的平均行程时间；

$L_i$ ——路段 $i$ 的路段长度；

$v_i$ ——车辆在路段 $i$ 上行驶时的平均速度。

利用这种模型进行最优路径规划，计算机实现相对比较简单，只需对每条路存储一个静态通行时间，但是这种模型在任何时候同一起点和终点的寻路结果都是唯一不变的。

根据我们的实际经验可知，在早高峰或者晚高峰时，为了避免交通拥堵，规划出来的路径可能和一般时段完全不同。因此，以静态行程时间为优化参数没有反映出实际交通道路网络的动态特性。

若将动态行程时间作为路阻，则最优路径规划算法可完全由获得的实时交通信息进行最优路径规划。根据美国联邦公路局提出的 BPR 路阻函数，路段的平均行程时间见式(5.3)。

$$t=t_0\left[1+\alpha\left(\frac{q}{c}\right)\beta\right] \tag{5.3}$$

式中，$t$ ——实际通过该路段所需要的时间；

$t_0$——路段自由行驶时间；

$\alpha$ 和 $\beta$ ——模型待定参数，建议取值分别为 0.15 和 4，但考虑到我国道路交通情况与美国不同，所以其值应按实际情况予以确定；

$q$ ——当时该路段的交通量，vel/h；

$c$ ——路段的实际通行能力，vel/h。

利用这种模型规划得到的最优路径准确率高，但是对交通信息数据采集以及通信设施与技术的要求较高，计算量大且不易实现。

在实际系统工程中，一般是通过采集相关路段在一个时间周期(如一天、一周或一个月)内各个时刻的实际交通数据并将其保存，然后结合相关交通预测模型，计算得到某一时刻某一路段的交通信息数据。这些采集到的数据在一定的时间内可进行循环利用。

#### 5.1.2.3 以道路质量为路阻

道路质量包括路段的长度、宽度、车道数、路面类型和车道功能划分等，反映了道路的等级。等级高的道路，路段较宽，车道数较多，行车环境较好，在道路中的平均行驶速度也相对较高。由于国内与国外的实际道路交通情况大不相同，对实际道路等级的划分差别也很大。根据 1980 年 12 月国家基本建设委员会颁发的《城市规划定额指标暂行规定》，可将我国的道路分为 4 个等级，各等级道路具体参数见表 5.2。

表 5.2 各等级道路划分具体参数

| 道路等级 | 设计车速/(km/h) | 机动车道宽度/m | 机动车道宽度/m | 道路总宽/m | 机动车道数/条 | 分隔带设置 |
|---|---|---|---|---|---|---|
| 一级道路 | 60～80 | 3.75 | ≥6 | 40～70 | ≥4 | 必须设 |
| 二级道路 | 40～60 | 3.5 | ≥5 | 30～60 | ≥4 | 应设 |
| 三级道路 | 30～40 | 3.5 | ≥5 | 20～40 | ≥2 | 可设 |
| 四级道路 | <30 | 3.5 | 无 | 16～30 | ≥2 | 可设 |

#### 5.1.2.4 以拥挤程度为路阻

实际城市道路网络的拥堵程度可用路网的拥堵指数、拥堵路段长度、拥堵里程比例等参数来评价，其计算见式(5.4)。

$$C_i(t)=\frac{T_i(t)}{T_0} \tag{5.4}$$

式中，$C_i(t)$ ——路段拥堵度指标，其值越大表示该路段越拥堵；

$T_i(t)$ ——路段 $i$ 在时间 $t$ 的平均行程时间；

$T_0$——自由路段行程时间，对于每条路段来说都是一个定值。

#### 5.1.2.5 综合路阻

出行者除了有最基本的要求外，通常还有其他方面的要求，如安全性、舒适度以及个人的选择偏好，如尽量走高等级的道路、尽量走直线少转弯、尽量少地经过有红绿灯的路口等，这是一个多目标优化问题。

可定义广义费用模型，见式(5.5)。

$$c=at+(1-a)d \tag{5.5}$$

式中，$c$ ——广义费用；

$t$ ——行程时间；

$d$ ——路段长度；

$a(0\leqslant a\leqslant 1)$ ——相关权值的系数，反映 $t$ 和 $d$ 在广义费用中所占的权重。

式(5.5)只考虑了平均行程时间和行驶距离这两个参数的线性组合。

也可采用考虑 9 个路阻参数的 CONTRAM(Continuous Traffic Assignment Model)费用方程，见式(5.6)。

$$C=aL+bT+cLV^2+dS+eD+fP+gR+hM \tag{5.6}$$

式中，$c$ ——综合费用；

$L$ ——路段长度；

$T$ ——行程时间；

$V$ ——速度($LV^2$ 描述耗油量)；

$S$ ——停车次数；

$D$ ——延误；

$P$ ——价格；

$R$ ——危险程度；

$M$ ——边际费用；

$a,b,c,d,e,f,g,h$ ——各参数的权重系数。

事实上，最优路径规划的优化目标应根据实际出行的需要进行选择，一般只要能够反映出上述因素中的几个即可。同时，有些参数如便捷性、舒适度、安全性等数据本身难以获得和量化，且得到的数据也不一定正确。经过大量的调查研究与工程实

践，得到出行者关注度最高的因素分别为行程时间、行驶距离、道路质量和出行费用等。

## 5.2 存储结构

在实际的最优路径规划中，需要对道路交通网络中的各种数据进行存储，其中最常用的数据存储结构有邻接矩阵（Adjacency Matrix）、邻接表（Adjacency List）、邻接多重表（Adjacency Multilist）和十字链表（Orthogonal List）等。若考虑路网的连通性，还有前向关联边法和扩展的前向关联边法等。邻接矩阵和邻接表是最基本也是最常用的数据存储结构，邻接多重表是无向图的一种链式存储结构，十字链表是有向图的一种链式存储结构，可看作是将有向图的邻接表和逆邻接表结合起来得到的一种链表。

### 5.2.1 邻接矩阵

邻接矩阵既可以表示无向图，也可以表示有向图。它主要是通过二维数组的形式来存储图中的相关数据。对于赋权有向图，可定义邻接矩阵$\boldsymbol{A}=(\boldsymbol{a}_{ij})_{n\times n}$，$\boldsymbol{a}_{ij}$ 的表示见式(5.7)。

$$\boldsymbol{a}_{ij}=\begin{cases}W_{ij} & (<v_i,v_j>\in E)\\-1 & (<v_i,v_j>\notin E)\end{cases}\tag{5.7}$$

式中，$W_{ij}$ ——有向路段 $<v_i,v_j>$ 的权重；

$-1$——节点 $v_i$ 到节点 $v_j$ 之间不存在路段，因为实际中的路段权重不可能为负数。

对于有向图路网，很容易判断节点之间是否有路段相连接。假设有向图有 $n$ 个节点，则采用邻接矩阵存储路网的空间代价为$\boldsymbol{O}(n^2)$，与具体节点的数量无关，适用于稠密图或必须快速判别两个给定节点之间是否存在连续边时的情况。

### 5.2.2 邻接表

邻接表是另一种常用的数据存储结构，既可以用于无向图，也可以用于有向图。它首先对每个节点 $v_i$ 建立一个单链表(即邻接表)，这个单链表由邻接于 $v_i$ 的所有节点构成，给每个单链表设一头结点，头结点存放节点 $v_i$ 的信息，把这些头结点顺序存于一个矢量中构成节点表。

表节点包括邻接域、数据域和链域，对于第 $i$ 个单链表中的表节点，其邻接域存储与节点 $v_i$ 邻接的点的序号；数据域存储与路段相关的信息，如权重；链域则存储下一个路段的节点指针(图 5.2)。头结点包括数据域和链域，对于节点表中的第 $i$ 个头节点，其数据域存储节点 $v_i$ 的信息；链域则存储链表中的第一个节点指针。

**图 5.2 邻接表的表节点和头节点**

若假设有向图中有 $m$ 条边和 $n$ 个节点，则邻接表占用的存储空间为 $\boldsymbol{O}(m+n)$，相比邻接矩阵 $\boldsymbol{O}(n^2)$ 的存储空间，其存储代价大大减少，但要判断任意两个节点之间是否有弧相连，没有邻接矩阵方便。

### 5.2.3 存储结构对比

城市道路交通网络数据存储结构的选取，要根据实际的路网结构，对空间代价和时间代价进行比较后才能做出选择。

(1)空间代价比较

设有向图 $G=(V,E,W)$ 中，一个节点的存储空间为 Sizeof(Node)，一条边（路段）的存储空间为 Sizeof(Arc)，邻接矩阵共有 $n$ 个节点和 $m$ 条边。邻接矩阵也需要分配存储空间，由于它是一个 $n\times n$ 阶的指向弧的指针矩阵，若每一个指向弧指针的存储空间记为 Sizeof($\text{Arc}^*$)，则它占用的存储空间 $S_1$ 见式(5.8)。

$$S_1=n\times\text{Sizeof(Node)}+m\times\text{Sizeof(Arc)}+n^2\times\text{Sizeof}(\text{Arc}^*)+O(1)\tag{5.8}$$

邻接表不仅要存储 $n$ 个节点和 $m$ 条弧，还要存储 $n$ 条链表。邻接表共有 $m$ 个链表元素，若每个指向链表元素的指针的存储空间记为 $\text{Sizeof(ListElement}<\text{Arc}^*>)$，则它占用的存储空间 $S_2$ 见式(5.9)。

$$\begin{aligned}S_2=&n\times\text{Sizeof(Node)}+m\times\text{Sizeof(Arc)}+n\times\\&\text{Sizeof(ListElement}<\text{Arc}^*>)+m\times\\&\text{Sizeof(ListElement}<\text{Arc}^*>)+m\times\text{Sizeof}(\text{Arc}^*)+O(1)\end{aligned}\tag{5.9}$$

若所有指针所需要的存储空间都相同，记为 $s$，式(5.8)与式(5.10)相减可得式(5.10)。

$$S_1-S_2=(n^2-n-2m)\times s\tag{5.10}$$

若 $S_1>S_2$，那么 $(n^2-n-2m)>0$，即 $m<(n^2-n)/2$。

当 $m<(n^2-n)/2$ 时，邻接表占用的存储空间要比邻接矩阵少。作为一条近似规则，当节点的平均度 $\overline{d}=m/n$ 满足 $\overline{d}<n/2$ 时，就可以认为邻接表占用的存储空间较少。

对于实际的城市道路网络，四路的十字路口占大多数，其度数为 8，而路网的节点

数通常有成千上万个，两者显然不在同一个数量级上，从而 $\overline{d} \ll n/2$ 必成立。故对于城市道路网络，应选择邻接表作为其数据存储结构。

(2)时间代价比较

在有关图的算法中，常用的有4种操作。寻找某条弧 $<v_i, v_j>$、列举所有弧、列举从节点 $v$ 出发的弧、列举进入节点 $v$ 的弧。两种存储方法完成以上4种操作在最坏情况下的时间复杂度见表5.3。

表5.3　　4种操作在最坏情况下的时间复杂度

| 操作 | 邻接矩阵 | 邻接表 |
| --- | --- | --- |
| 寻找某条弧 $<v_i, v_j>$ | $O(1)^*$ | $O(\|A(v)\|)$ |
| 列举所有弧 | $O(n^2)$ | $O(m+n)^*$ |
| 列举从节点 $v$ 出发的弧 | $O(n)$ | $O(\|A(v)\|)^*$ |
| 列举进入节点 $v$ 的弧 | $O(n)^*$ | $O(m+n)$ |

注：* 表示在两者比较中时间复杂度占优。

由表5.3中的数据可知，对于邻接矩阵法占优的两种操作，两种存储结构最坏情况下的运行时间复杂度处于同一阶，而对于邻接表法占优的两种操作，邻接表法最坏情况下的运行时间复杂度比邻接矩阵法低一阶。综合比较，邻接表法存储结构占有优势。

## 5.3　路网属性

道路的设计是在结合当地经济情况、资源环境、人口密度、交通运输等诸多因素的前提下进行的，只有将这些信息要素与道路规划以及道路的日常管理、维护等工作紧密结合起来，并利用计算机信息技术才能构建出满足经济社会发展需要的道路交通网。因此，道路交通网具有面积大、信息广、错综复杂、动态性强等特点。在交通网中选择路径受到以下多个方面条件的影响。

(1)使用时间

由于实际交通网的动态性，同一种交通工具在不同时刻在同一路段行驶的时间也会不同。这主要与道路交通管理情况、交通流量、交通事故的发生状况、天气情况以及上下班的高峰时期等因素有关。

(2)费用问题

这是现实生活中需要考虑的实际问题，选择哪一条路、使用何种交通工具、是否换乘等都会使费用不同。

(3)交通工具的选择

这要充分考虑道路的等级、道路车流量大小、拥塞程度、道路长度、交通工具自身的速度、道路的路面状况等因素。

实际道路的属性结构见图 5.3。

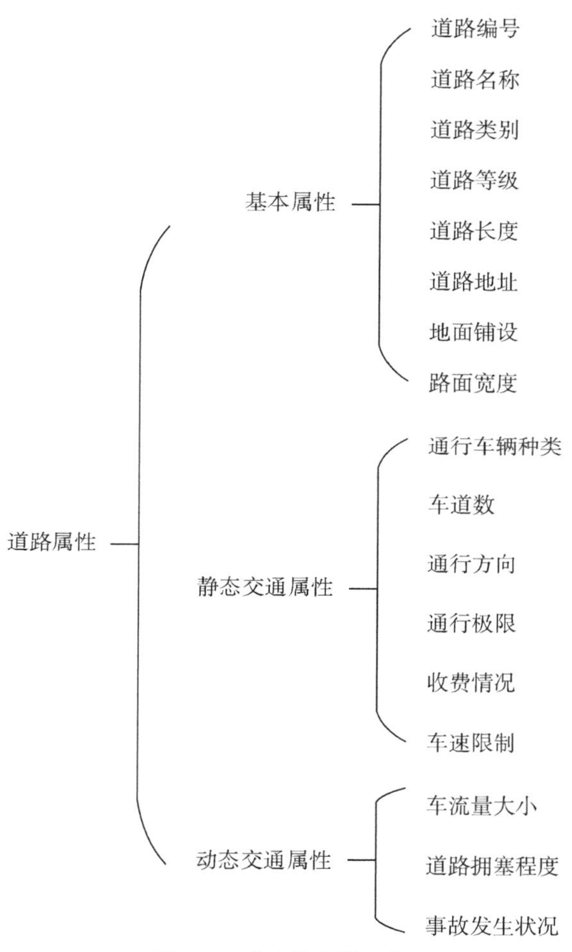


**图 5.3　道路的属性结构**

## 5.4　道路网络要素

构建道路网络拓扑结构具有以下难点。

(1)数据量大涉及面广

道路网由多层地图组成,每层地图上都有很多条道路,道路之中又有不计其数的交点。因此道路网中包含大量的数据信息,在提取和存储上有较大难度。

(2)道路网络的多重性

道路网络由多条线路组成,有时同一路段是多个道路的组成部分,具有一对多的关系。

### 5.4.1 网络基本要素

不管是交通网络,还是计算机网络,都具有一般网络的拓扑特征,如结点、弧段之类,为了便于构建拓扑结构,下面给出各种网络都具备的基本要素。

(1)结点

结点是指网络中两条或者两条以上路段的交点。它的主要属性有结点的标号、结点的纵坐标、结点的横坐标等。

(2)弧段

弧段是连接两个结点的路段,是道路组成的基本单位。它的主要属性有路段的标号、路段的起点、路段的终点、路段的长度等。

(3)形状点

这是一个值得注意的因素。在地图上,形状点和结点有一定的相似之处,区分出形状点对拓扑结构有简化作用。在图 5.4 中,形状点 $C$ 并不能看成路段 $A$ 与路段 $B$ 的交点,因为从 $A$ 到 $B$ 必须经过 $C$,而 $C$ 没有别的路段经过。

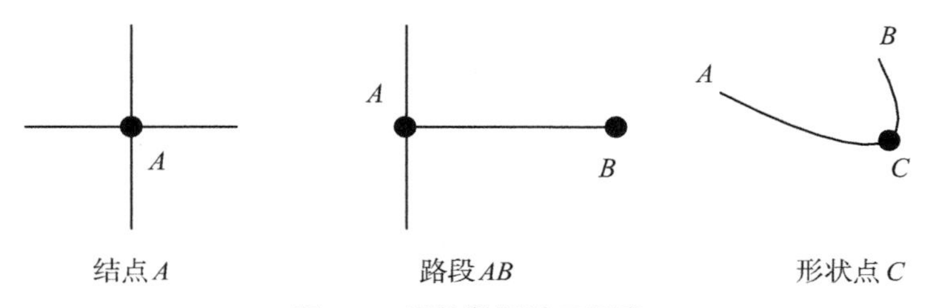


图 5.4 网络数据的三要素

### 5.4.2 要素结构表示

在程序设计的时候,必须将地图"图"化,这个"图"即数据结构里面的图。以下给出算法设计中几个数据结构概念。

(1)图(graph)

由顶点的有穷非空集合和顶点之间边的集合组成,通常表示为 $G=(V,E)$;其中,$G$ 表示一个图,$V$ 是图 $G$ 中顶点的集合,$E$ 是图 $G$ 中顶点之间边的集合,若顶点 $V_i$ 和 $V_j$ 之间的边没有方向,则称该边为无向边,用无序偶对 $(V_i,V_j)$ 表示,而有向

边可用有序偶对 $(V_i, V_j)$ 表示，$V_j$ 表示弧头，$V_i$ 表示弧尾。如果图中的所有边都是无向边，则该图称为无向图。在最短路径搜索中，$A$ 点到 $B$ 点的路径即是 $B$ 点到 $A$ 点的路径。

(2)回路(loop)

若路径上第一个顶点 $V_1$ 与最后一个顶点 $V_m$ 重合，则称这样的路径为回路或环。

(3)顶点的度(degree)

依附于该顶点的边的条数，即是与该顶点相邻的顶点的个数。

(4)邻接矩阵(adjacency matrix)

图的邻接矩阵存储也称之为数组表示法，从名称上可以看出，是用数组来表示顶点信息的。

对于图 5.5 中的无向图，邻接矩阵 ***Arc*** [4][4] 的表示见式(5.11)。

$$\boldsymbol{Arc}[4][4]=\begin{bmatrix}0&1&0&1\\1&0&1&1\\0&1&0&0\\1&1&0&0\end{bmatrix} \tag{5.11}$$

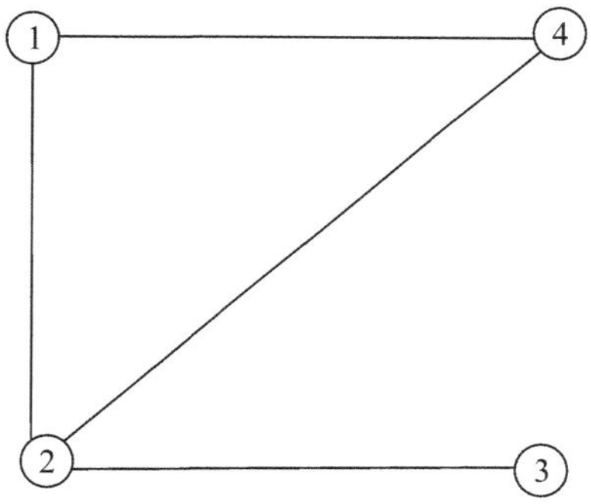

图 5.5 无向图

***Arc*** $[i][j]$ 的值表示 $i$、$j$ 相连的情况，“0”表示两顶点没有相连，“1”表示两顶点相连，式(5.11)是没有加入权值的邻接矩阵。而对于带权图，只需将邻接矩阵中的“1”改成相应的路径权值。

若要用数学语言来描述道路网络，则必须将其主要元素的属性表示出来，本书用数据结构中的结构体来定义路段和结点，结构体中的成员变量就是它们的主要属性。弧段用以下结构体表示：

```
structRoad
{
```

```
    int roadlD; //路段在数组中的序号,道路的标识符 ID
    int road_tagl; //一个路段的起始端点的标识符 ID
    int road_tag2; //一个路段的终点的标识符 ID
    int roadlong; //路段的长度
};
```

道路拓扑中另一个重要的元素就是结点。结点的属性包括结点的标号、结点的横坐标和纵坐标,以及与结点相关的路段的信息。如下:

```
struct NODE
{
    int nodeID; //结点标号
    int X; //结点的横坐标
    int Y; //结点的纵坐标
    int road_link[MAX_node]; //与该结点相连的道路 ID 号
    int num R; //与该结点相连的道路的条数
    int node ahead; //该结点前一个结点
    int road ahead; //前一条道路
    …
};
```

## 5.5 拓扑组织

拓扑数据结构是根据拓扑几何学原理进行空间数据组织的方式。对于一幅地图,拓扑数据结构仅从抽象概念来理解其中图形元素(点、线、面)间的相互关系,不考虑结点和线段坐标位置,而只注意它们的相邻与连接关系。在 GIS 中,多边形结构是拓扑数据结构的具体体现。根据这种数据结构建立结点、线段、多边形数据文件间的有效联系,便于提高数据的存取效率。

在交通道路网中,主要处理的对象是道路段。要建立有效的拓扑关系,需正确有效地建立好点与线段之间的关系。

交通道路线段的端点称为结点。一般情况下结点被多个线段所共享。在进行拓扑组织时,拓扑关系依赖于结点信息。结点表示了线段间的位置关系以及与其他结点的相关性。而结点间的相关性是通过线段联系起来的。

道路线段是一种具有某种特殊属性的线,由一系列的坐标点组成,并具有方向性,拓扑数据组织要以线段为基础。

一个简单的交通道路的拓扑关系见图 5.6。从图 5.6 中可以看出,基本实体是交通线段,线段从一个结点出发,到另一个结点终止。因此可以建立以交通线段为中心的拓扑数据结构,包含的基本表有节点 Node 表和道路线段 Line 表。

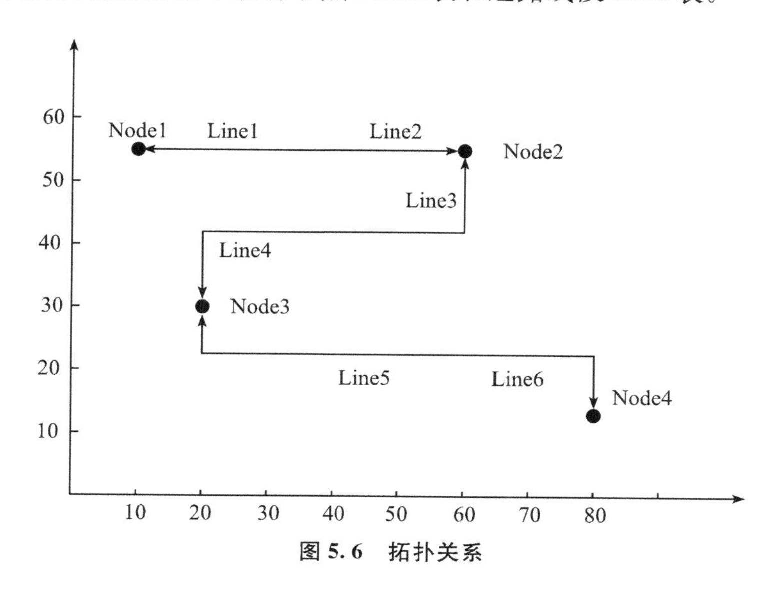


图 5.6 拓扑关系

为便于移动二维导航中路径寻优和地图匹配中快速定位线段所关联的结点,可建立结点索引表 NodeIndex。因此拓扑数据库由 3 个表组成,它们分别为 Line 表、Node 表和 NodeIndex 表。

在面向导航的数字地图中,用弧段表示实际的路段,每一弧段由一系列节点和形状点组成,那么在数据库中,路段可用线段编号、起始点号、终止点号等来描述。Line 表的数据格式以及简单描述见表 5.3。

**表 5.3　Line 表的设计**

| 字段名称 | 类型 | 描述 |
|---|---|---|
| LineID | Integer | 路段编号(FID) |
| StartNodeID | Integer | 路段起始节点编号 |
| EndNodeID | Integer | 路段终止节点编号 |
| Weight | Double | 权值 |

Node 表包含节点编号和节点所在的具体 $X$、$Y$ 位置,其数据格式和描述见表 5.4。

表 5.4　　Node 表的设计

| 字段名称 | 类型 | 描述 |
| --- | --- | --- |
| NodeID | Integer | 节点编号 |
| $X$ | Double | 节点的横坐标 |
| $Y$ | Double | 节点的纵坐标 |

NodeIndex 表是用来记录起始节点号在 Line 表中的位置，用于快速定位起始点在 Line 表中的位置，见表 5.5。

表 5.5　　NodeIndex 表的设计

| 字段名称 | 类型 | 描述 |
| --- | --- | --- |
| NodeID | Integer | 节点编号 |
| nPos | Integer | 节点在 NodeIndex 表中的位置 |

## 5.6　数据库设计

最短路径和地图匹配是基于数字地图的，其算法也完全依赖于数字地图数据库的结构，结果也直接或间接地包含在地图数据库的内容之中。而一般的数字地图由于缺乏所需要的各种信息，如拓扑关系、空间索引信息以及位置有关的属性信息等，不能满足实际应用。

(1)数据预处理

数据压缩(剔除冗余数据，提高计算速度)和自动断链(使整个图层图形无相交)。在数字地图中，道路的交叉接合处往往会出现重叠或相离，再对原始数据进行预处理，使道路的接合处符合处理要求。一般把一定容差内的节点处理为一个节点。

(2)拓扑线段库

建立点与弧段之间的关联关系。对所要建立的拓扑层的线段，按照起始节点、终止节点与线段建立关联，并配合上此线段的权重(长度、车流量)。

(3)弧段关联

根据节点，建立相关弧段之间的关系，对拓扑线段库中的线段安装起始节点的 ID 升序或降序排列，然后记录具有相同起始节点的在节点索引 NodeIndex 中的位置。

Line 表、Node 表和 NodeIndex 表之间的关系见图 5.7，采用以线段为中心的数据结构。

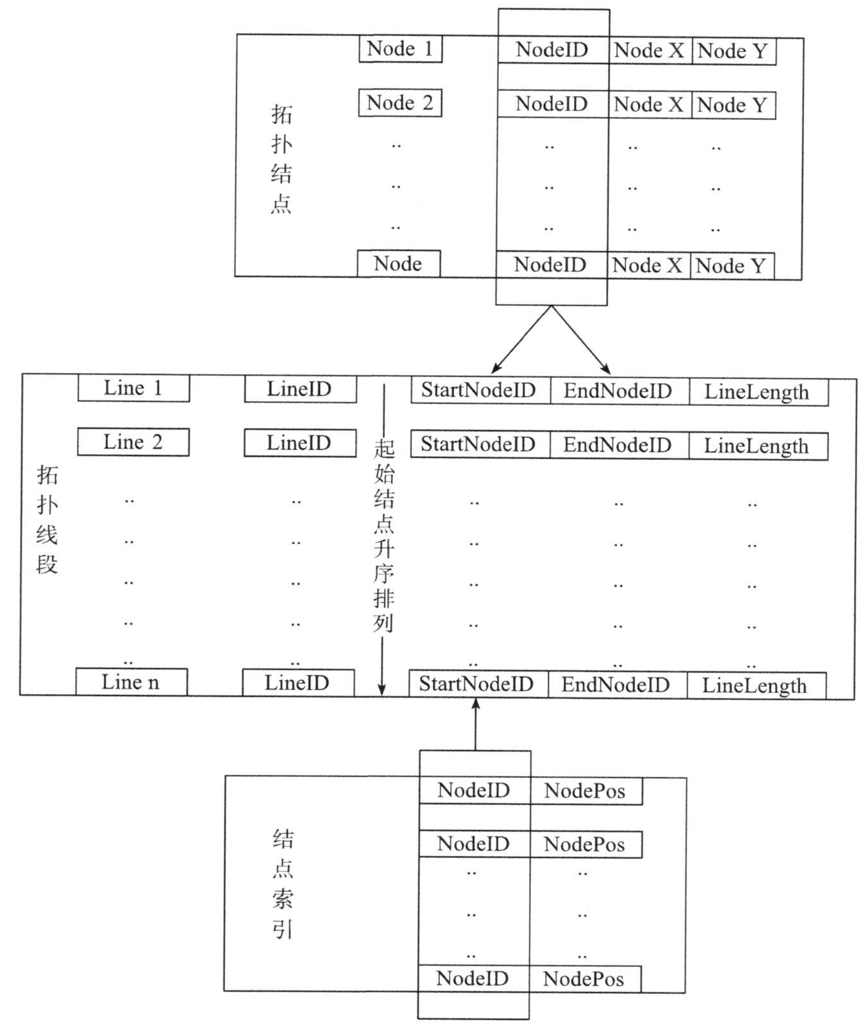


图 5.7 拓扑数据结构

## 5.7 最短路径

最短路径(shortest path)分析是 GIS 网络分析研究的热点问题和核心所在。它是资源分配、路线设计及分析等优化问题的基础。交通网络分析中,许多其他的最优路径问题也都可以转化为最短路径问题。所谓最短路径问题就是在给定的起始点到终止点的道路集合中,寻求长度最短或通行时间、费用最小的路径。

在实际生活中,最短路径不仅仅意味着空间距离的长短,还可以引申到其他度量,如时间、金钱、资源等。如果网络属性为费用,则最短路径则意味着费用最少;如果网络属性为时间,则意味着花费时间最短;如果网络属性为道路的长度,则意味着路径的长度最小。可见,网络属性虽然多种多样,但此问题的研究却具有通用性。因此，最短路径的相关研究不仅可以应用在实际的道路网络之中，还能应用于时变网络、网络路由、路径规划等方面。

## 5.7.1 最短路径问题分类

### 5.7.1.1 按网络特征分类

研究不同类型的最短路径问题，所选用的拓扑结构及表示方法也不一样。按照网络的整体特征、局部特征以及表示方法的不同，可将网络进一步进行细分，其分类体系见图5.8。

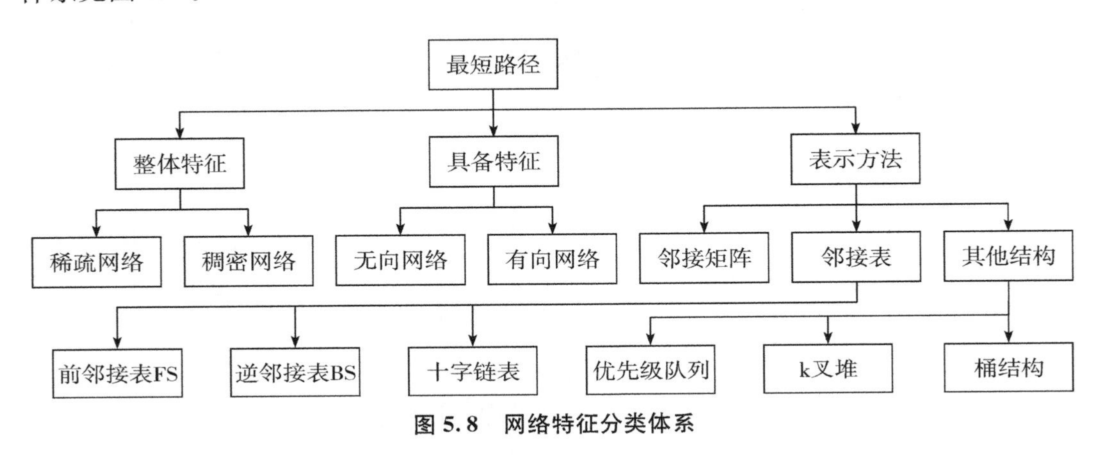


图5.8 网络特征分类体系

对于实际的道路交通网络，其节点数一般远大于路段数，因此一般都是稀疏网络；考虑到单行线等限制，且同一条道路的两个方向的权值通常不一样，一般将其看成是有向网络；对于城市道路交通网络这样的稀疏图，一般采用邻接表来存储路网信息。还有其他的表示方法如优先级队列、k叉堆和桶结构等，用这些表示方式实现的算法时间复杂度会相对比较低，但其实现也比较复杂。

### 5.7.1.2 按问题类型分类

根据最短路径规划是否有限制信息，可将最短路径问题分为自由路径和限制路径。根据起点和终点的节点数目以及路段的条数，又可将自由路径问题分为单源最短路径、多源最短路径、K-最短路径等。其中，实际中应用最广泛的是单源最短路径，多源最短路径应用较少，且多源最短路径问题可以分解成单源最短路径问题进行求解。为了能够充分平衡网络中的负载以及防止拥挤漂移现象的发生等，路径诱导系统可以推荐多条路径以供用户进行选择，这就是所谓的K-最短路径。同时，根据节点或者路段是否有限制信息，又可以对有制路径问题进行分类，如包含必经节点的最短路径、限制转弯次数的最短路径、限制路段数目的最短路径等，其具体分类体系见图5.9。

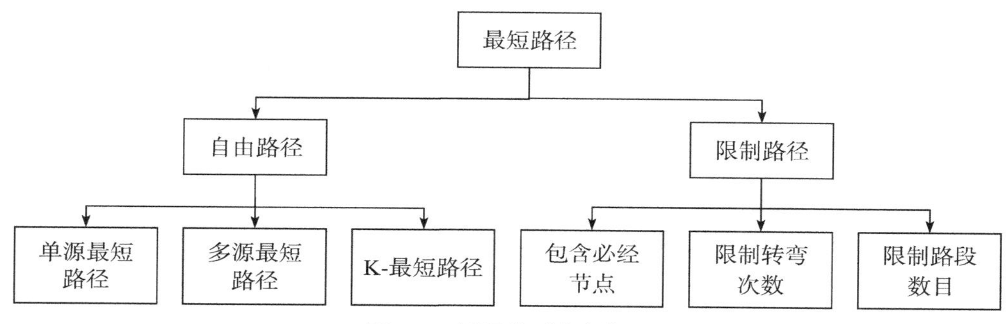


图 5.9 问题类型分类体系

#### 5.7.1.3 按实现技术分类

按照算法的实现技术进行分类，最短路径问题可分为组合方法和代数方法两种。组合方法主要是指标号算法，按照在最优路径规划过程中算法对节点的处理机制不同，可将其分为标号设定(LS)算法和标号修正(LC)算法。代数方法则是通过线性规划不等式、联立线性方程组以及矩阵相乘等方法来求解最短路径，其分类体系见图 5.10。

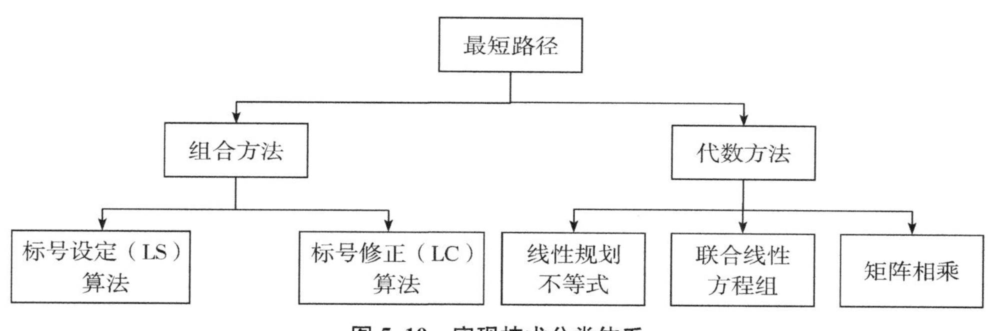


图 5.10 实现技术分类体系

### 5.7.2 最短路径算法

最短路径研究较早，取得的成果也较多，在很多城市与地区已经投入使用，但就现在而言，还没有一个通用的算法能够适用于所有的城市道路交通。常用的最短路径算法有 Dijkstra 算法、Floyd 算法、A* 搜索算法、双向搜索方法、地图分层搜索算法、$K$ 条最短路径算法、蚁群算法、神经网络算法、遗传算法等。

#### 5.7.2.1 Dijkstra 算法

Dijkstra 算法是由荷兰计算机科学家狄克斯特拉于 1959 年提出的，因此又叫狄克斯特拉算法，是从一个顶点到其余各顶点的最短路径算法，解决的是有权图中的最短路径问题。Dijkstra 算法的主要特点是从起始点开始，采用贪心算法的策略，每次遍历到起始点距离最近且未访问过的顶点的邻接节点，直到扩展到终点为止。

(1)基本原理

每次新扩展一个距离最短的点，更新与其相邻的点的距离。当所有边权都为正时，由于不会存在一个距离更短的没扩展过的点，因此这个点的距离永远不会再被改变，从而保证了算法的正确性。用 Dijkstra 算法求最短路径的图不能有负权边，因为扩展到负权边的时候会产生更短的距离，有可能破坏已经更新的点距离不会改变的性质。

如果图中的顶点表示城市，而边上的权重表示城市间开车行经的距离。Dijkstra 算法可以用来找到两个城市之间的最短路径(图 5.11)。

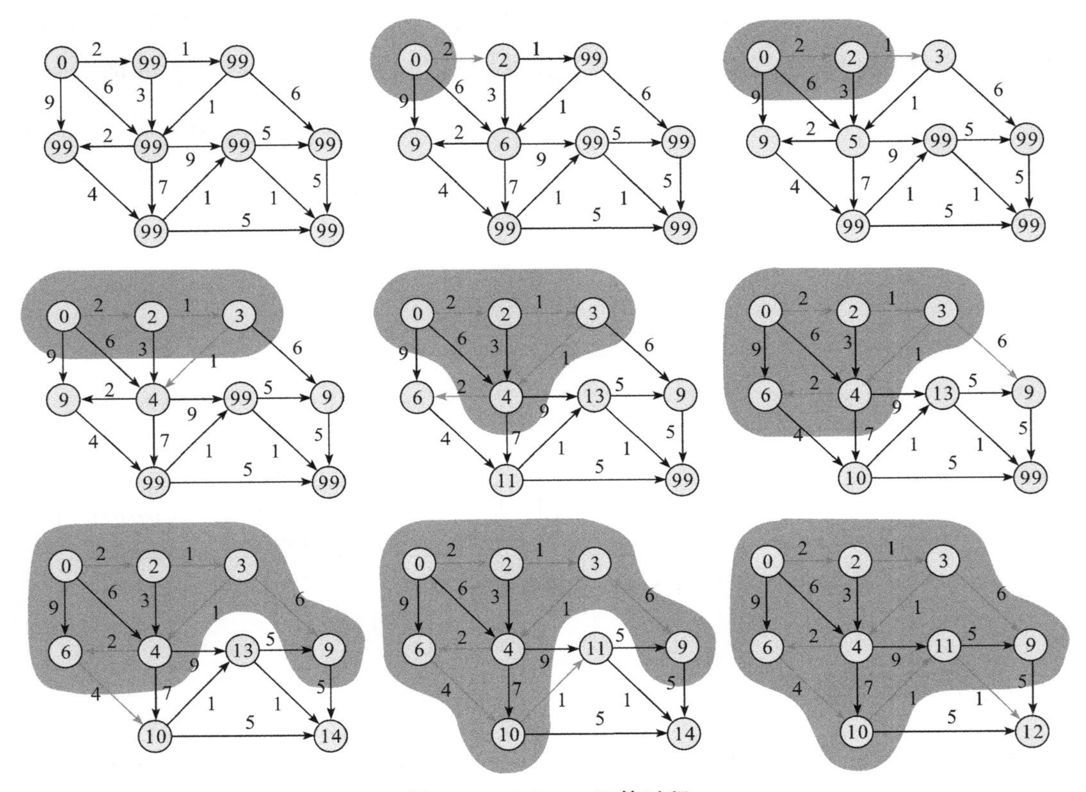

**图 5.11 Dijkstra 运算过程**

Dijkstra 算法的输入包含了一个有权重的有向图 $G$，以及 $G$ 中的一个来源顶点 $s$。我们以 $V$ 表示 $G$ 中所有顶点的集合。每一个图中的边，都是两个顶点所形成的有序元素对。$(u,v)$ 表示从顶点 $u$ 到 $v$ 有路径相连。以 $E$ 表示所有边的集合，而边的权重则由权重函数 $w:E\rightarrow[0,\infty]$ 定义。因此，$w(u,v)$ 就是从顶点 $u$ 到顶点 $v$ 的非负花费值(cost)。边的花费可以想象成两个顶点之间的距离。任两点间路径的花费值，就是该路径上所有边的花费值总和。已知有 $V$ 中有顶点 $s$ 及 $t$，Dijkstra 算法可以

找到 $s$ 到 $t$ 的最低花费路径(如最短路径),也可以在一个图中找到从一个顶点 $s$ 到任何其他顶点的最短路径。

(2)算法描述

Dijkstra 算法通过为每个顶点 $v$ 保留目前为止所找到的从 $s$ 到 $v$ 的最短路径来工作。初始时,源点 $s$ 的路径长度值被赋为 0($d[s]=0$),同时把所有其他顶点的路径长度设为无穷大,即表示不知道任何通向这些顶点的路径(对于 $V$ 中所有顶点 $v$ 除 $s$ 外 $d[v]=\infty$)。当算法结束时,$d[v]$ 中储存的便是从 $s$ 到 $v$ 的最短路径,或者如果路径不存在的话是无穷大。

Dijkstra 算法的基础操作是边的拓展:如果存在一条从 $u$ 到 $v$ 的边,那么从 $s$ 到 $u$ 的最短路径可以通过将边 $(u,v)$ 添加到尾部来拓展一条从 $s$ 到 $v$ 的路径,这条路径的长度是 $d[u]+w(u,v)$。如果这个值比目前已知的 $d[v]$ 的值要小,则可以用新值来替代当前 $d[v]$ 中的值。拓展边的操作一直执行到所有的 $d[v]$ 都代表从 $s$ 到 $v$ 最短路径的花费。因而当 $d[u]$ 达到它最终的值的时候,每条边 $(u,v)$ 都只被拓展一次。

算法维护两个顶点集 $S$ 和 $Q$。集合 $S$ 保留了已知的所有 $d[v]$ 的值已经是最短路径的值顶点,而集合 $Q$ 则保留其他所有顶点。集合 $S$ 初始状态为空,而后每一步都有一个顶点从 $Q$ 移动到 $S$。这个被选择的顶点是 $Q$ 中拥有最小的 $d[u]$ 值的顶点。当一个顶点 $u$ 从 $Q$ 中转移到了 $S$ 中,算法对每条外接边 $(u,v)$ 进行拓展。

(3)时间复杂度

Dijkstra 算法最简单的实现方法是用一个链表或者数组来存储所有顶点的集合 $Q$,所以搜索 $Q$ 中最小元素的运算[Extract-Min(Q)]只需要线性搜索 $Q$ 中的所有元素。这样的话算法的运行时间是 $O(n^2)$。

对于边数少于 $n^2$ 的稀疏图来说,可以用邻接表来更有效地实现 Dijkstra 算法。同时需要将一个二叉堆或者斐波那契堆用作优先队列来寻找最小的顶点(Extract-Min)。当用到二叉堆的时候,算法所需的时间为 $O[(m+n)\log n]$,斐波那契堆能稍微提高一些性能,让算法运行时间达到 $O(m+n\log n)$。

在 Dijkstra 算法的基础上做一些改动,可以扩展其功能。例如,有时希望在求得最短路径的基础上再列出一些次短的路径,可先在原图上计算出最短路径,然后从图中删去该路径中的某一条边,在余下的子图中重新计算最短路径。对于原最短路径中的每一条边,均可求得一条删去该边后子图的最短路径,这些路径经排序后即为原图的一系列次短路径。

开放最短路径优先(open shortest path first,OSPF)算法是 Dijkstra 算法在网络

路由中的一个具体实现。

与Dijkstra算法不同，Bellman-Ford算法可用于具有负花费边的图，只要图中不存在总花费为负值且从源点 $s$ 可达的环路(如果有这样的环路，则最短路径不存在，因为沿环路循环多次即可无限制地降低总花费)。

与最短路径问题有关的一个问题是旅行商问题(Traveling Salesman Problem, TSP)，它要求找出恰好通过所有顶点一次且最终回到源点的最短路径。该问题是NP难的。换言之，与最短路径问题不同，旅行商问题不太可能具有多项式时间算法。

如果有已知信息可用来估计某一点到目标点的距离，则可改用 $A^*$ 算法，以减小最短路径的搜索范围。

#### 5.7.2.2 Floyd算法

Floyd算法是1962年由图灵奖获得者弗洛伊德提出的，是一个求图中所有节点对之间最短路径的算法，可以正确处理有向图或负权的最短路径问题，同时也被用于计算有向图的传递闭包。

(1)算法思想

Floyd算法是一个经典的动态规划算法。首先寻找从点 $i$ 到点 $j$ 的最短路径。从动态规划的角度看问题，需要为这个目标重新做一个诠释(这个诠释正是动态规划最富创造力的精华所在)。

从任意节点 $i$ 到任意节点 $j$ 的最短路径不外乎两种可能，一是直接从 $i$ 到 $j$，二是从 $i$ 经过若干个节点 $k$ 到 $j$。所以，假设 $\text{Dis}(i,j)$ 为节点 $u$ 到节点 $v$ 的最短路径的距离，对于每一个节点 $k$，检查 $\text{Dis}(i,k)+\text{Dis}(k,j)<\text{Dis}(i,j)$ 是否成立，如果成立，证明从 $i$ 到 $k$ 再到 $j$ 的路径比 $i$ 直接到 $j$ 的路径短，便设置 $\text{Dis}(i,j)=\text{Dis}(i,k)+\text{Dis}(k,j)$，这样一来，当遍历完所有节点 $k$，$\text{Dis}(i,j)$ 中记录的便是 $i$ 到 $j$ 的最短路径的距离。

(2)算法过程

①把初始化距离dist数组为图的邻接矩阵，路径数组path初始化为－1。其中对于邻接矩阵中的数首先初始化为正无穷，如果两个顶点存在边则初始化为权重。

②对于每一对顶点 $u$ 和 $v$，看看是否存在一个顶点 $w$ 使得从 $u$ 到 $w$ 再到 $v$ 比已知的路径更短。如果是就更新它。

状态转移方程为：

如果 $\text{Dis}(i,k)+\text{Dis}(k,j)<\text{Dis}(i,j)$

则 $\text{Dis}(i,j)=\text{Dis}(i,k)+\text{Dis}(k,j)$

Floyd算法在计算时要把网络中的所有节点都作为中间节点来进行计算，算法的

时间复杂度为 $O(n^3)$，空间复杂度为 $O(n^2)$，适用于小范围且节点数相对较少的稠密图。

#### 5.7.2.3 A* 搜索算法

启发式搜索算法，就是在状态空间中对每一个搜索的位置进行评估，得到最好的位置，再从这个位置进行搜索直到目标。它是对穷举型算法的一种优化，是一种基于知识的搜索策略，在算法执行过程中，通过利用已知的相关信息，使每次搜索都更加接近目标，从而得到最终的搜索结果。常见的启发式搜索算法有 A* 搜索算法、双向搜索算法和基于地图分层的搜索算法等。

A* 算法是一种智能的搜索算法或是一种最佳优先算法，这意味着该算法求解问题时是在那些所有有可能的路径点中选择代价最小（距离最短，耗时最小等）的那个节点，该节点最先被认为是最接近解决方案的。该算法可归结为从图中的指定节点开始，从这个节点开始构造路径节点树，每次扩展一步路径，直到路径节点中的一个是预定的目标节点时停止。

（1）估价函数

估价函数是启发式搜索中的核心部分。选择了合适的估价函数，进行路径搜索时搜索的节点数会减少，能节省搜索时间，加快得到最优路径。A* 搜索算法在其每次主循环的迭代中都需要选择一个节点来进行扩展，这些决定都是建立在对节点代价的评估上，直到找到目标节点。A* 搜索算法选择的估价函数见式(5.12)。

$$f(n)=g(n)+h(n) \tag{5.12}$$

式中，$n$——当前路径上的节点；

$g(n)$——从起始节点沿着产生的路径到节点 $n$ 的实际代价；

$h(n)$——对节点 $n$ 到目标节点得到最优路径作出的估计代价，通常根据实际问题来指定，故 $h(n)$ 被称作启发函数。

$f(n)$ 是节点 $n$ 到达目标节点的总代价。

假设 $A$ 为起始节点，$D$ 为目标节点(图 5.12)。若选择节点 $B$ 为当前路径节点，则 $g(B)$为自起始节点 $A$ 到达节点 $B$ 的距离，见式(5.13)。

$$g(B)=\overline{AB}=\sqrt{(x_2-x_1)^2+(y_2-y_1)^2} \tag{5.13}$$

式中，$h(B)$——节点 $B$ 到目标节点 $D$ 的估计值，这里选取曼哈顿距离作为启发函数，那么 $h(B)$ 计算见式(5.14)。

$$h(B)=|x_4-x_2|+|y_4-y_2| \tag{5.14}$$

$f(B)$ 为节点 $B$ 到达目标节点 $D$ 的总代价，见式(5.15)。

$$f(B)=g(B)+h(B)=\sqrt{(x_2-x_1)^2+(y_2-y_1)^2}+|x_4-x_2|+|y_4-y_2| \tag{5.15}$$

$A^*$ 搜索算法每次都选择 $f(n)$ 值最小的节点来进行扩展。对算法来说，找到实际的最短路径，估价函数 $f(n)$ 必须是可采纳的、合理的。这意味着该函数估值绝不能高于到达目标节点的实际代价值。

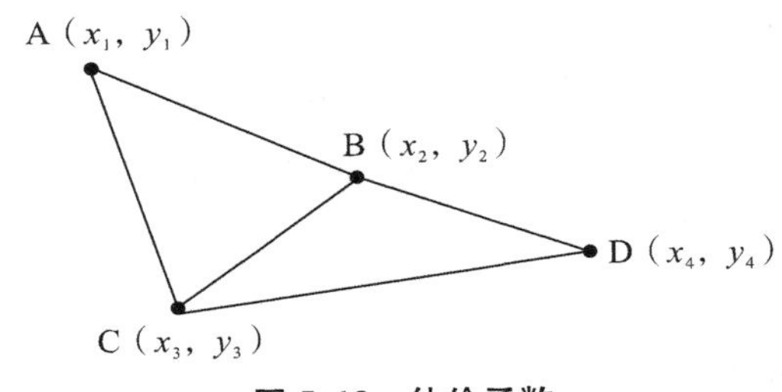


**图 5.12　估价函数**

（2）寻径流程

$A^*$ 搜索算法作为一种启发式搜索算法，在搜索路径时会在那些有可能是路径节点的节点中选择代价值最小的节点。如同图的一般搜索过程，该算法首先会创建两个空表分别命名为 OPEN 表和 CLOSE 表，OPEN 表中存放还未访问并准备考察的节点，而 CLOSE 表则存放已经访问过的节点，这些节点都来自 OPEN 表。

进行搜索时算法都会以当前 OPEN 表中的最小代价值节点进行扩展或者判断其是否为目标节点。

步骤一：定义两个空表分别命名为 OPEN 表和 CLOSE 表；其中未访问过待考察的节点存放于 OPEN 表，已经访问过的节点存放于 CLOSE 表。设起始节点为 $S$，目标节点为 $T$。

步骤二：将起始节点 $S$ 放入 OPEN 表。

步骤三：判断 OPEN 表的长度是否为 0。若为 0，则无法找到路径，失败退出。

步骤四：若 OPEN 表长度不为 0，从 OPEN 表中选取总代价值 $f$ 最小的节点 $N$。

步骤五：移出 OPEN 表中的节点 $N$ 放入 CLOSE 表。

步骤六：判断节点 $N$ 是否为目标节点 $T$，若是目标节点 $T$，则表明找到路径并退出。

步骤七：如果节点 $N$ 不是目标节点，则扩展节点 $N$。设它的邻接节点为 $M_i(i \leqslant k$，$k$ 为与节点 $N$ 相邻接的节点个数）。对每个邻接节点 $M_i$，计算它们的总代价值 $f(M_i)$。若节点 $M_i$ 同时不在 OPEN 和 CLOSE 两个表中，则将其放入 OPEN 表，并给它加一个指针指向节点 $N$，便于找到目标节点后按照指针返回得到路径：若节点 $M_i$ 在 OPEN 表中，则对刚才计算的总代价值 $f(M_i)$ 和 OPEN 表中该节点的总代价值 $f'(M_i)$ 进行比较，若 $f(M_i)$ 更小，表明找到了一条更优的路径，用 $f(M_i)$ 代替 $f'(M_i)$，将 OPEN 表中节点的指针改为指向当前节点 $N$；若节点 $M_i$ 在 CLOSE 表中，则跳过此节点，继续访问节点 $N$ 的其他邻接节点 $M_i$ 。

步骤八：接着跳到步骤三，继续循环，直到找到最优路径或无法找到路径退出。

A* 搜索算法的时间复杂度为 $O(bd)$ ，其中 $b$ 为图中节点的平均出度，$d$ 为最优路径搜索过程中的深度。与 Dijkstra 算法和 Floyd 算法等相比，A* 搜索算法的平均搜索空间要小得多。

#### 5.7.2.4　双向搜索算法

双向搜索算法是启发式算法的一种，由“线性规划之父”Dantzig 提出，由 Nicholson 给出了其具体算法。该算法同时运行两个搜索：一个从初始状态正向搜索，另一个从目标状态反向搜索，当两者在中间汇合时搜索停止。双向搜索算法的启发函数可以定义为正向搜索为到目标节点的距离，反向搜索为到初始节点的距离。

与一般的单向搜索算法相比，双向搜索算法的搜索空间减少了一半，其时间复杂度为 $O(bd/2)$ 。在实际使用中，一般都是将双向搜索算法与其他算法相结合，得到其相应的最优路径规划算法，例如将双向搜索算法分别与经典 Dijkstra 算法和 A* 搜索算法相结合。

$C_1$ 为 Dijkstra 算法的平均搜索空间，$C_2$ 和 $C_3$ 为双向搜索算法和与 Dijkstra 算法相结合的平均搜索空间（图 5.13）。

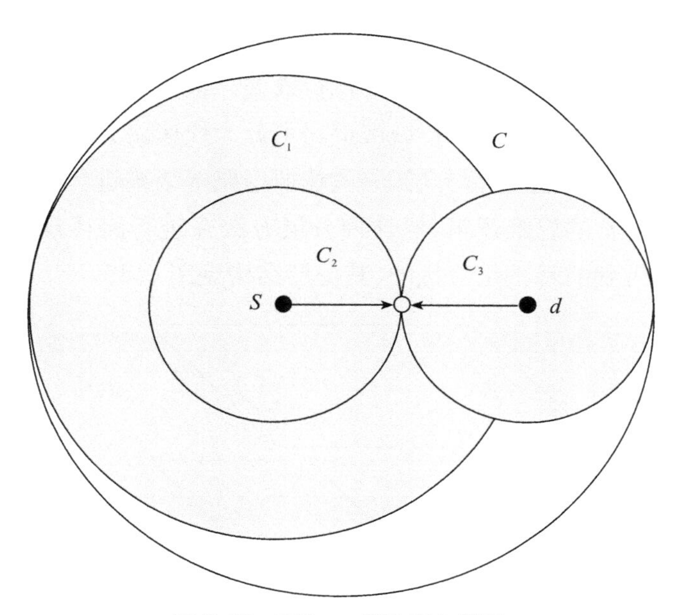


**图 5.13　Dijkstra 算法双向搜索**

$C_1$ 为 A* 搜索算法的平均搜索空间，$C_2$ 和 $C_3$ 为双向搜索算法和与 A* 搜索算法相结合的平均搜索空间（图 5.14）。

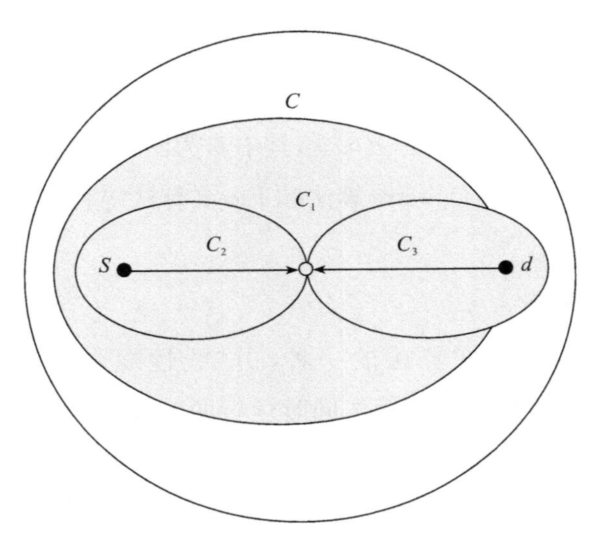


图 5.14　A* 算法双向搜索

在设计双向搜索算法时，首先要解决两个问题：一个是搜索停止的标准，即在搜索过程中如何判断算法已经规划出最优路径从而停止搜索，另一个是搜索切换的标准，即在搜索过程中两个相反的搜索方向如何进行有效切换。

#### 5.7.2.5　地图分层搜索算法

一般在道路设计时，就已经确定了该道路的等级，地图分层搜索算法是根据道路等级来对路网进行分层，由于各层次道路网中具有不同的节点数及道路数，可大幅减少节点的搜索个数，从而极大提高算法的执行效率。根据道路网络的特性，道路可分为高速公路、国道、省道、县道、乡道，城市道路可分为快速路、主干道、次干道和支路。

对实际的道路交通网络进行分层，一般按照道路等级来进行分层，这种分层方法比较简单，且符合通常的思维逻辑，但这种分层方法在进行路径规划时，可能会出现舍近求远的情况，得到的解不是最优的，其分层结构见图 5.15。

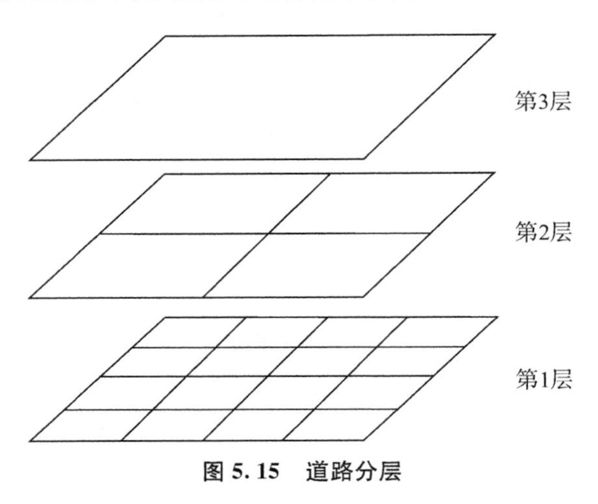


图 5.15　道路分层

为解决上述问题，可修改其分层规则：在高层地图中存储公共边上的低层次节点，但同时会增加地图存储空间，其分层结构见图 5.16。

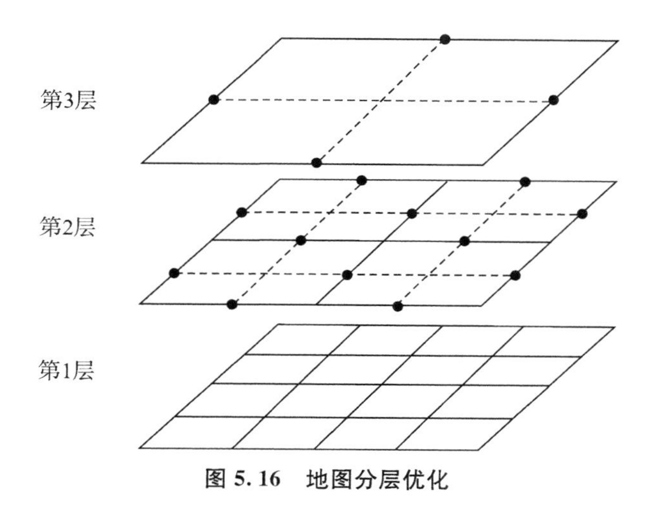


图 5.16 地图分层优化

地图分层搜索算法的时间复杂度为 $O(dlogb)$，与 A* 搜索算法和双向搜索算法相比，其时间复杂度大为降低，其搜索空间对比见图 5.17。

$C_1$ 为 Dijkstra 算法的平均搜索空间，$C_2$、$C_3$ 和 $C_4$ 为地图分层搜索算法的平均搜索空间，其中 $C_2$ 和 $C_3$ 为基于低层地图的平均搜索空间，$C_4$ 为基于高层地图的平均搜索空间。

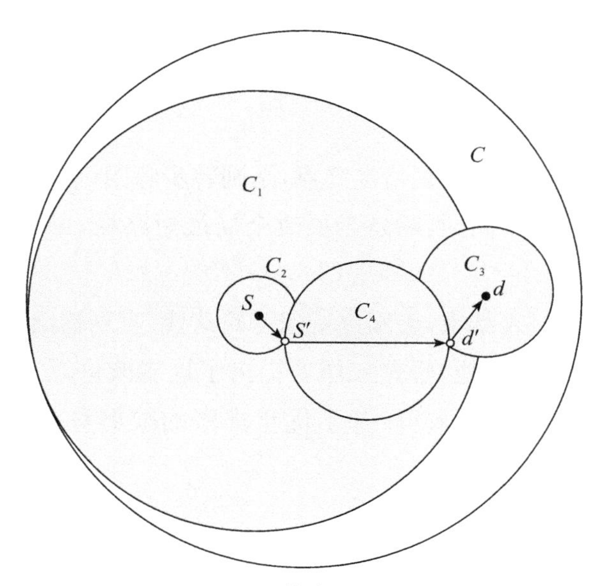


图 5.17 搜索空间对比

#### 5.7.2.6 *K* 条最短路径算法

KSP 问题是对最短路径问题的推广，除了要确定最短路径之外，还要确定次短路径、第三短路径，…，知道找到第 $K$ 短路径。用 $p_i$ 表示从起点 $s$ 到终点 $t$ 的第 $i$ 短路径，KSP 问题是确定路径集合 $P_k=\{p_1,p_2,p_3,\cdots,p_k\}$，使得满足以下 3 个条件：

①$K$ 条路径是按次序产生的，即对于所有的 $i(i=1,2,\cdots,K-1)$，$p_i$ 是在 $p_{i+1}$ 之前确定；

②$K$ 条路径是按长度从小到大排列的，即对于所有的 $i(i=1,2,\cdots,K-1)$，都有 $c(p_i)<c(p_{i+1})$；

③这 $K$ 条路径是最短的，即对于所有的 $p\in P_{st}-P_K$，都有 $c(p_k)<c(p)$。

二重扫除法是一种非确定性多项式时间复杂度的算法，也是现今最常用 $K$ 条最短路径算法。由于 $K$ 条最短路径算法需要同时计算 $K$ 条路径，因此实时性要求较高。

#### 5.7.2.7 蚁群算法

意大利学者 Dorigo 受蚁群系统信息共享机制的启发，在 1992 年首次提出了蚁群算法，并在著名的旅行商问题中取得了突破。

蚁群算法是进化算法中的一种，具有多种优点，如较强的鲁棒性、并行性及正反馈等，并且很容易与其他算法结合，已广泛应用于组合优化问题的求解，如图着色问题、车辆调度问题、路由问题及负载平衡问题。

基于蚁群算法求解最短路径问题有以下步骤。

步骤一：初始化各参数，选定起点和终点，将所有虚拟蚂蚁置于起始结点。

步骤二：迭代开始，每只蚂蚁按概率选择下一结点，并将已跑过的结点置于禁忌表中。

步骤三：判断所在结点是否是给定终点，是则转步骤四，否则转步骤二继续搜索。

步骤四：计算跑过的距离，判断是否更改全局最短路径，更新跑过的路径上的信息素浓度。

步骤五：判断迭代是否结束，否则进行新一轮迭代，直到输出找到的最短距离。

为了提高蚁群算法的性能，研究工作者提出了许多改进算法，如蚁群系统、带精英策略的蚁群算法、连续正交蚁群、基于优化排序的蚁群算法、最大—最小蚁群算法等。

#### 5.7.2.8 神经网络算法

人工神经网络的研究，可以追溯到 1957 年 Rosenblatt 提出的感知器模型，中间经历了长时间的萧条。直到 20 世纪 80 年代，获得了关于人工神经网络切实可行的算法，以及以 Von Neumann 体系为依托的传统算法在知识处理方面日益显露出力不从心后，人们才重新对人工神经网络产生了兴趣，导致神经网络的复兴。

对于一个实际问题建立神经网络通常包括4个阶段。首先，研究者根据自己的理论、经验和研究兴趣选择一个问题域，如模式识别、神经控制、经济预测等。第二，根据学习任务设计网络结构，包括处理单元个数、各层的组织结构及处理单元之间的联结。第三，根据已知的网络结构和学习任务用梯度下降学习算法，如BP算法来训练联结权值。最后，研究者以测量到的目标性能，如解决特殊问题的能力、学习速度和泛化能力对训练过的网络进行评价。可以不断重复这个过程以获得期望的结果。

目前，神经网络在研究方法上已形成多个流派，最富有成果的研究工作包括多层网络BP算法、Hopfield网络模型、自适应共振理论、自组织特征映射理论等。对于大规模的路径规划求解，可以利用Hopfield网络模型，它不受求解规模的限制，还可以通过并行运算实现高速化；但是Hopfield神经网络算法可能在短时间内得不到最优路径，只能得到次优路径。

与普通算法相比，采用神经网络算法能够快速找到一个解，虽然此解不一定是全局最优的，但却是接近最优的近似解。神经网络算法还具有分布式处理、自组织和自学习等优点，但是也存在一些缺点，如不能解释内部的推理过程和依据，在数据不充分的时候无法进行，在推理过程中，一切推理问题都会转变为数值计算，势必会丢失一些信息，且对所求问题找到一个合适的能量函数是一个难点。

#### 5.7.2.9　遗传算法

遗传算法(Genetic Algorithm)是模拟生物进化论理论(适者生存，优胜劣汰等遗传机制)而演化得来的，也称为进化算法。1975年由美国的J. Holland教授在其著作*Adaptation in Natural and Artificial System*中首先提出，但J. Holland提出的遗传算法只是简单遗传算法。

遗传算法借助生物进化的理论，将需要解决的问题模拟成一个生物进化的过程。再利用生物学概念中的复制、交叉、突变等作用机制操作产生下一代的解，并在下一代解当中淘汰那些不“健康”的解，即适应度函数值低的解。这样经过$N$步之后，就可能进化出适应度很高的个体。另外遗传算法采用概率化的寻优方法，能像生物系统那样进行自适应调整，如不断调整搜索空间和搜索方向。

由于遗传算法具有这些性质，因此已被人们广泛地应用于机器学习、组合优化、自适应控制、信号处理等领域。

遗传算法有以下过程。

步骤一：对待解决的问题进行编码。

步骤二：设置进化代数计数器$t=0$，并对最大进化代数$T$进行设置，随机生成初始群体$P(0)$。

步骤三：对当前群体$P(t)$中各个个体计算其适应度值，适应度值表示该个体的

“健康”程度。

步骤四:将选择算子作用于群体,产生中间代。

步骤五:对中间代运用其他选择算子产生一个新的群体,这就是所谓的交叉运算,同时交叉算子也是遗传算法中的核心。

步骤六:将新个体的基因链按照一定的概率进行变异,即通过变异算子得到下一代群体。

步骤七:若 $t=T$ ,即达到最大迭代次数,终止计算,最优解为进化过程中所得到的具有最大适应度的个体。

遗传算法有很多优点,如不受问题域的影响且搜索速度很快,可以从群体出发,对多个个体同时进行比较,具有潜在的并行性;但该算法也存在一些缺点,如编程实现复杂,需要对问题及最优解进行编码和解码,参数的选取目前主要依靠经验等。在实际应用中,遗传算法很容易陷入“早熟”,对大规模计算量问题不太适用,常用它的衍生算法如混合遗传算法、合作型协同进化算法等来进行求解。

### 5.7.3 最短路径模块

路径寻优问题是计算机科学与地理信息科学等领域的研究热点,是资源分配、区位分析、路线设计等一系列优化问题的基础。所谓最短路径问题就是在给定的起始点到终止点的道路集合中,寻求长度最短或通行时间、费用最小的路径。Dijkstra 算法是计算一个源节点到所有其他节点的最短代价路径,是按路径长度递增的次序来产生最短路径的算法。

(1)对 Dijkstra 算法的思考

在经典 Dijkstra 算法的计算过程中,将网络结点分为未标记结点、临时标记结点和永久标记结点 3 种类型。在开始网络搜索时,所有结点首先初始化为未标记结点。在搜索过程中和最短路径结点相连通的结点为临时标记结点,每一次循环从临时标记结点中搜索距离源结点路径长度最短的结点作为永久标记结点,直到找到目标结点或者所有结点都成为永久标记结点才结束算法。

其中,临时标记结点都是无序排列的,这就使每次进行搜索时都有可能要遍历所有的临时标记结点,增加了搜索的代价。算法的时间复杂度为 $O(n^2)$ 。在实际网络模型的结点数 $n$ 较大的情况下,算法的计算时间成倍甚至幂次增大。在嵌入式开发环境下,该算法花费时间较长,求解效率低,很难满足实际路径规划的需求。

如何选择最合适的结点从而进行下一步扩展是该算法的关键,而解决这一问题的关键又在于如何选择下一个要扩展的结点。解决的办法就是将临时标记结点按照最短路径排序,每个搜索过程不必全部遍历临时标记结点。这也是目前基于经典

Dijkstra 算法的各种优化算法的重要出发点之一。另外，尽量减少最短路径分析过程中搜索的临时标记结点数量，尽快达到目标结点。

(2)对 Dijkstra 算法的改进

Willioms 在 1964 年提出了堆排序方法，该方法引入了堆这种特定的数据结构。二叉堆结构可以被视为一棵完全二叉树，其含义表明，完全二叉树中所有非终端结点的值均不大于(或不小于)其左、右子结点的值。除了用于堆排序之外，二叉堆最常见的应用是作为高效的优先级队列，是一种用来维护由一组元素构成集合 $S$ 的数据结构，而且这一组元素中的每一个都有一个关键字。在分时计算机上，进行作业调度和进行事件驱动的仿真器都要用到优先级队列，而且通常采用二叉堆结构来实现优先级队列。

一般作用于优先级队列上的二叉堆的操作主要有以下几种。

Heapify 过程：首先将集合 $S$ 调整为二叉堆，并设定其根结点具有最小关键字；然后从对堆的根结点开始，通过对当前结点的左、右子树关键字的比较，来调整相应结点在堆中的正确位置，即通常所谓的“筛选”过程，而且此操作是维持堆性质的关键。

Heap-Insert 过程：将元素插入集合，并调用 Heapify 将其调整为二叉堆。首先将堆加以扩展，即在树的最后一层加一片叶子，然后遍历由新加的结点叶子到根的路径，以找到放新元素的合适位置。

Heap-Extract-Min 过程：抽取具有最小关键字的元素，并调用 Heapify 将其调整为二叉堆。该操作可通过对堆的 Heapify 操作来实现，其运行时间主要花费在调整成二叉堆的操作上。

使用二叉堆改进的算法流程见图 5.18。

具体实现步骤如下。

①读取拓扑信息：从所建立的拓扑数据库中读取相应的点、线等拓扑信息；

②初始化二叉堆 Heap：清空二叉堆，为后续操作做好前期准备；

③从起始点开始，把起始点插入二叉堆中；

④从二叉堆 Heap 中取出权值最小的点 $P_t$，并重建二叉堆；

⑤判断 $P_t$ 是否为终止点 EndPoint，若为 EndPoint，进行第⑦步；若不为 EndPoint，进行第⑥步；

⑥对与点 $P_t$ 相关联的点，计算相应的权值或估价函数权值，插入二叉堆 Heap 中，并重建二叉堆；

⑦结束搜索，输出最短路径，并退出。

算法包括两大部分：第一部分为从起始点开始进行正向搜索，从终止点开始进行逆向搜索，同时选择两条可扩展的路径；第二部分为检查这两条扩展的路径是否找到汇合点。

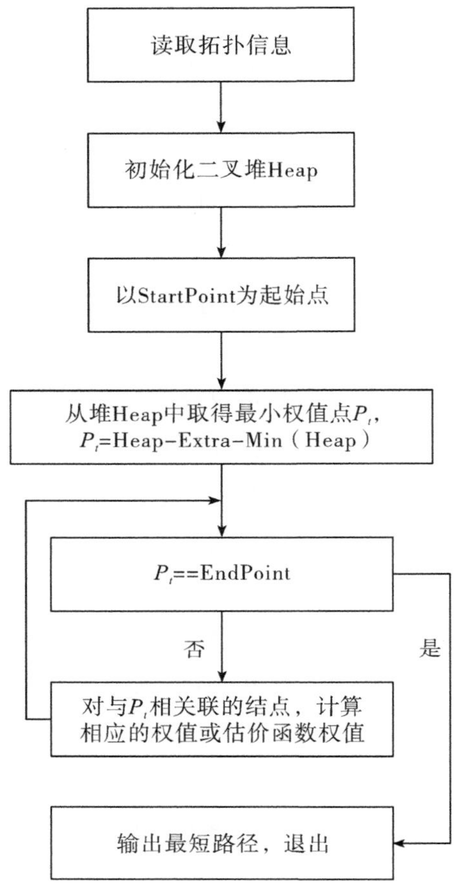


**图 5.18　二叉堆算法流程**

### 5.7.4　二维导航子系统的逻辑结构

作为街景导航系统的基础部分，二维导航子系统提供了矢量数据和相关分析的支持，路径寻优和地图匹配都是在此子系统中实现的。二维导航子系统是以 GeoPW 为平台，并在此基础上完成导航功能，完善该平台的不足，在设计中保持 GeoPW 跨平台、可扩展的设计方式，能为用户的使用和二次开发提供简单易用的接口。

二维导航子系统按逻辑分为数据层、GIS 平台层和界面应用层 3 个层次(图 5.19)。

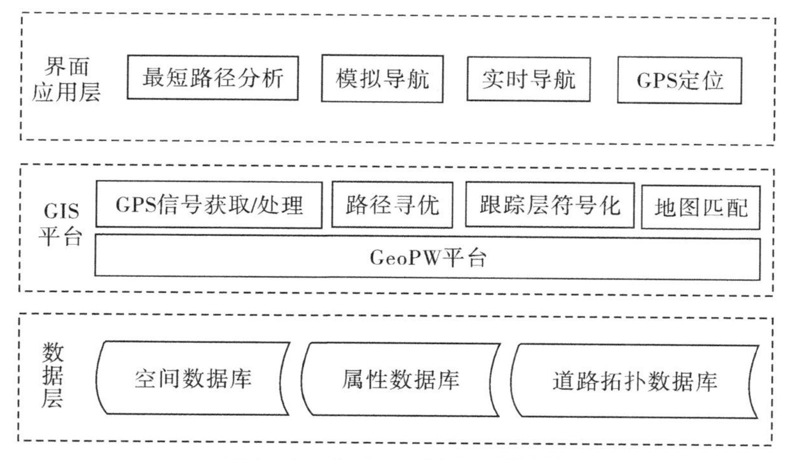


**图 5.19 移动二维导航逻辑结构**

### 5.7.4.1 数据层

数据是 GIS 的基础。该子系统的数据包括空间数据库、属性数据库和道路拓扑数据库。空间数据库采用 RTC 格式的数据，内容包含空间要素的图形数据和一些相关的简单属性数据；属性数据库用于存放空间要素的属性信息，通过要素 LineFID 值与空间数据连接起来；道路拓扑数据库用于存放道路网拓扑信息，主要解决道路线段与节点之间的关系，内容包括道路信息、结点信息和结点索引信息。

### 5.7.4.2 GIS 平台

GIS 平台在现有嵌入式 GIS 平台 GeoPW 上进行扩展。GeoPW 是基于 C＋＋开发的，面对二次开发用户（不直接面对最终用户群），提供一组简单、实用和高效的二次开发接口。系统的设计目标是对 GIS 核心（空间数据访问和符号绘制）进行高度抽象，利用抽象接口，形成可扩展的数据访问和图形绘制概念层，有效地降低系统与具体数据源和具体硬件平台的耦合性，GeoPW 逻辑层次见图 5.20。

GeoPW 平台从逻辑层次上分为 4 层，分别为应用层、C＋＋包装抽象层、数据访问驱动层和基础数据层，同时建立在两个基础上：操作系统适配平台和数据辅助工具。

①应用层：利用 C＋＋包装抽象层提供的功能接口进行开发的应用程序。

②C＋＋包装抽象层：直接使用底层的 API 和数据结构进行编程会使应用烦琐、不健壮、不可移植、难以维护，因为应用开发者需要了解许多低级、易错的细节。通过面向对象的类接口来封装低级函数和数据结构将使这些类型的应用变得更为简洁、健壮、可移植、易维护。包括驱动注册管理中心、空间对象访问抽象层、图层管理配置、渲染与符号化系统等。

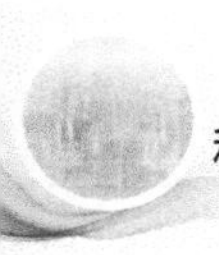

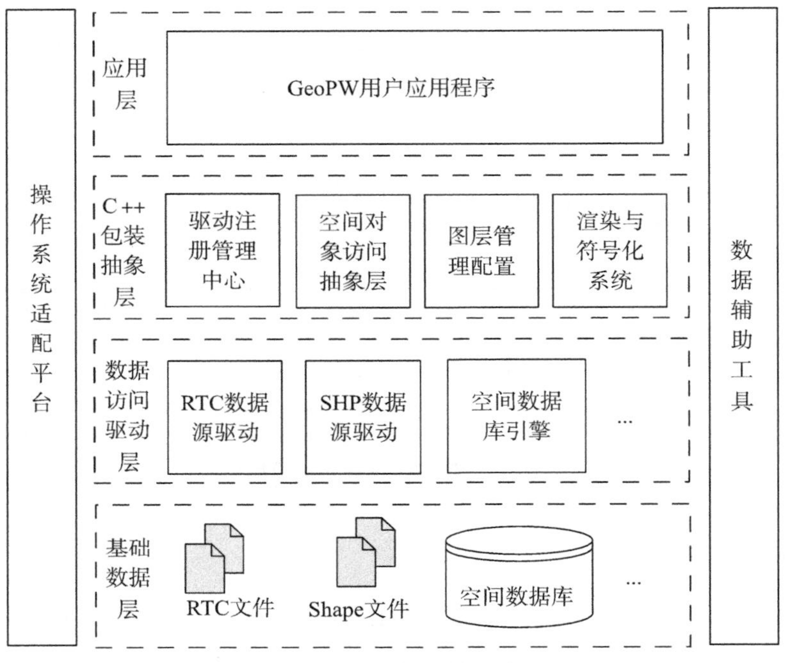


**图 5.20　GeoPW 逻辑层次图**

③数据访问驱动层：分为数据源驱动和渲染驱动。数据源驱动用来访问特定的数据源，通过上层的驱动注册管理中心进行管理。GeoPW 通过一个单独的抽象模型来支持不同的数据源，即 GeoPW 使用相同的抽象接口，对于异构数据源分别实现这些接口。渲染驱动针对不同的操作系统上的图形绘制系统，由于本系统内置了与设备无关的绘制引擎，渲染驱动只需要实现比较少的接口，即可实现本系统对各种不同硬件平台的图形绘制挂接。

④基础数据层：各种格式的数据文件或空间数据库，提供基础的数据存储能力。

⑤操作系统适配平台：通过包装原生的系统 API 来屏蔽操作系统平台相关的细节，对开发者公开一组统一的操作系统接口函数。这样使得程序代码尽量通用，且能方便地从现有平台移植到其他平台，减少程序移植的工作量，加强程序的可维护性。开发者也不用去具体了解平台相关的底层知识。

⑥数据辅助工具：数据格式之间的转换，导入与导出等。

GeoPW 平台的类组织见图 5.21。

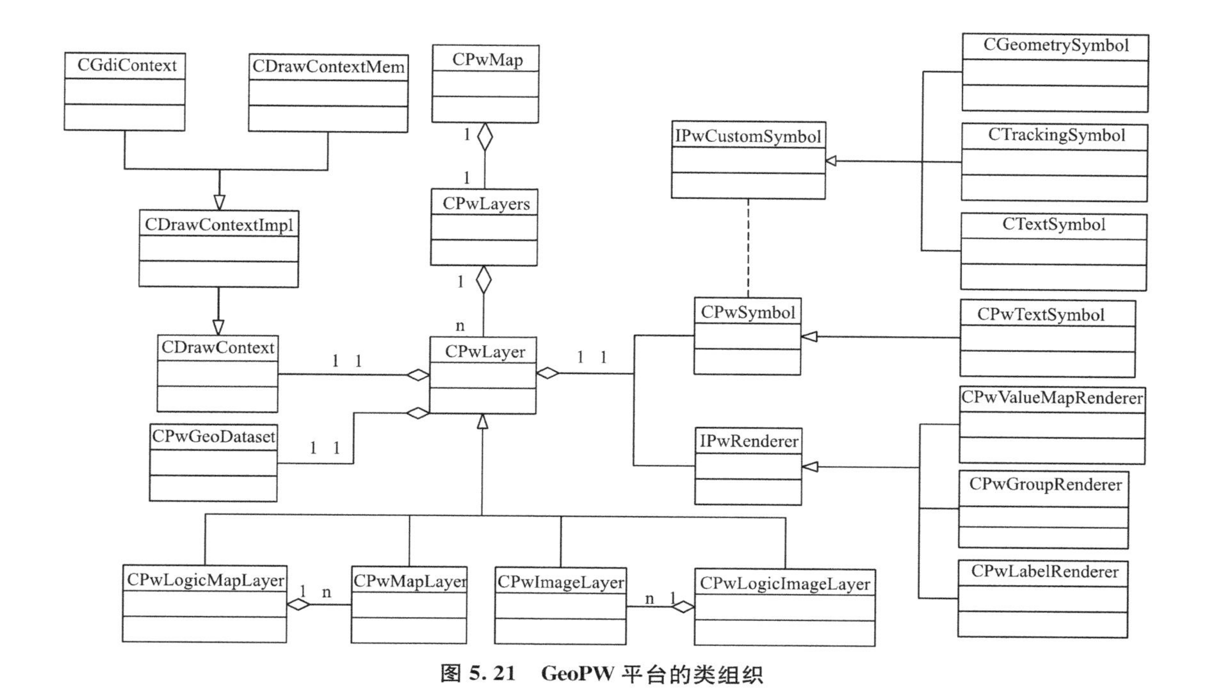


**图 5.21　GeoPW 平台的类组织**

基于 GeoPW 基础平台，扩展二维导航模块，支撑移动全景导航系统中的二维导航，增加数据处理方面的地图坐标转换、道路网拓扑化以及拓扑数据库的生成；增加接收和处理 GPS 信号模块，路径寻优模块和地图匹配模块。

### 5.7.4.3　界面应用层

该层主要是用户与嵌入式 GIS 子系统的交互，给用户提供实用、直观、易操作的接口，主要是最短路径分析、模拟导航、实时导航和 GPS 定位。

# 第 6 章　全景拼接技术研究

全景图像拼接(Image Stitching 或 Photo Stitching)是指将一组相互间存在重叠部分的图像序列进行空间匹配对准,经采样融合后形成一幅包含各图像序列信息的宽视角场景的、完整的、高清晰的新图像。

图像拼接技术是当前数字图像处理领域的一项热门技术,是计算机视觉和计算机图形学的研究热点。随着图像拼接在实时监控、房产销售、医学教学、实时导航、模拟驾驶、无人机航拍等领域应用的需求越来越旺盛,图像拼接技术也随着科技的提高而逐步深化。同时,图像拼接也是图像分析、图像挖掘的基础工作,拼接的质量与效果对相关工作有着直接影响,因此,图像拼接的流程和算法至关重要。

## 6.1　拼接流程

在不同的应用场景中,图像拼接的实现方法、拼接算法可能有所不同,但一个完整的拼接流程,基本上都涵盖了图像预处理、图像配准、图像变换和图像融合 4 个基本环节(图 6.1)。

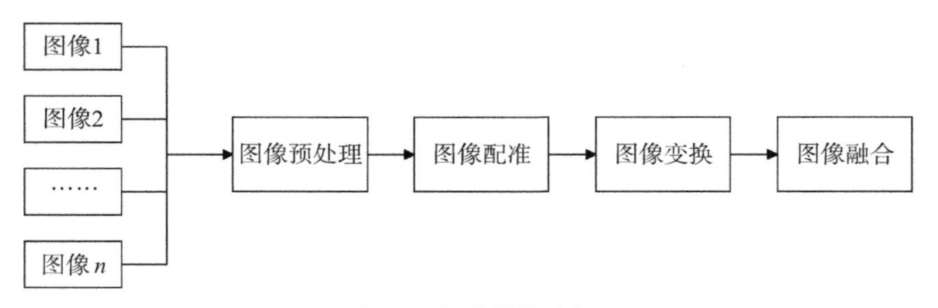


图 6.1　图像拼接流程

在图像采集阶段,使用拍摄器材进行图像的获取,并保证相邻图像有重叠部分。

在图像预处理阶段,由于拍摄器材采集的多张图片存在噪点等问题,因此需要使用去噪和畸变校正等方式进行处理。

在图像配准阶段,主要通过提取的特征信息进行图像的匹配。

在图像变换阶段，进一步优化图像的拼接效果，需对配准后的图像进行变换操作，涉及几何变换，如平移、旋转、缩放等，使图像在空间位置和角度上更加契合，确保图像间的对应关系更加精准，以更好地适应后续的融合步骤，减少因拍摄角度、位置等因素导致的图像差异。

在图像融合阶段，由于图像在采集过程中容易受到光照变化等外界条件的干扰，图像会有差异性，因此需要在此阶段通过融合算法消除图像的缝隙，最终完成图像的无缝拼接。

## 6.2　图像预处理

为了提升图像拼接的速度以及精准度，除了需要对图像匹配等步骤的算法进行优化之外，使用质量高的待拼接图片也是必不可少的前提条件。然而在图像采集过程中，相机等硬件设施的不完善、采集方式的不合适，以及在拍摄时的环境因素等问题都会影响拍摄照片的质量。因此，在图像进行配准前需要对图像进行预处理。

图像预处理是在获取图像之后的首要步骤，在正式对图像进行处理之前需要针对图像的噪声等干扰因素进行处理，保证后续步骤的正常进行，避免图像拼接的失败。在预处理中，我们可以通过畸变校正和噪声抑制等方法提高照片的质量。

### 6.2.1　成像原理

摄像机的成像过程就是将现实三维空间中的实景投影到二维平面图像上，照片上像素点的灰度值对应现实中物体的反光强度，相机的几何成像模型决定照片上点的位置在显示空间中的对应位置。相机的几何成像模型可以近似地看成透视投影模型或针孔模型。

一个点从三维空间中投影到二维相机的像平面上，其中间过程涉及不同坐标系之间的转换。相机成像过程是一个复杂的过程，可以简单归结为 4 个坐标系之间的转换，畸变时坐标变换的具体过程见图 6.2。

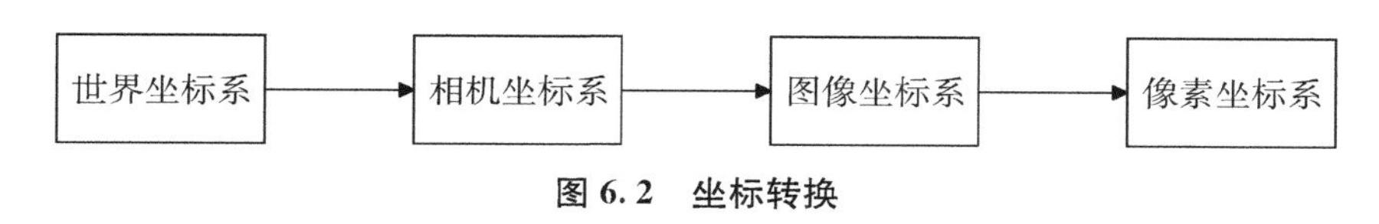


图 6.2　坐标转换

坐标系主要包括世界坐标系、相机坐标系(光心坐标系)、图像坐标系和像素坐标系 4 种坐标系。

(1)世界坐标系

以被测物上的点作为参考，定义的绝对坐标系，坐标 $(X_w, Y_w, Z_w)$。

(2)相机坐标系(光心坐标系)

以相机的光心为坐标原点,主光轴物体方向为 $Z$ 轴方向,$X$ 轴和 $Y$ 轴分别平行于 CCD 平面的两条垂直边,坐标 $(X_C, Y_C, Z_C)$。

(3)图像坐标系

以主光轴与 CCD 平面的焦点为原点,$X$ 轴和 $Y$ 轴分别平行于 CCD 平面的两条垂直边,坐标 $(x, y)$。

(4)像素坐标系

以 CCD 左上角顶点为原点,$X$ 轴和 $Y$ 轴都平行于图像坐标系,以像素宽度为单位,坐标 $(u, v)$。

相机成像原理见图 6.3,在相机坐标系 $X_cY_cZ_c$ 中,$O_c$ 为投影中心,$Z_c$ 表示的是相机的主光轴,与实景图像平面垂直,$X_c$ 轴和 $Y_c$ 轴分别平行于实景图像平面的 $X$ 轴和 $Y$ 轴,实景图像平面坐标系的原点 $O$ 是实景图像与光轴 $Z_c$ 的交点,投影中心 $O_c$ 到像平面坐标系原点 $O$ 之间的距离就是相机的焦距。

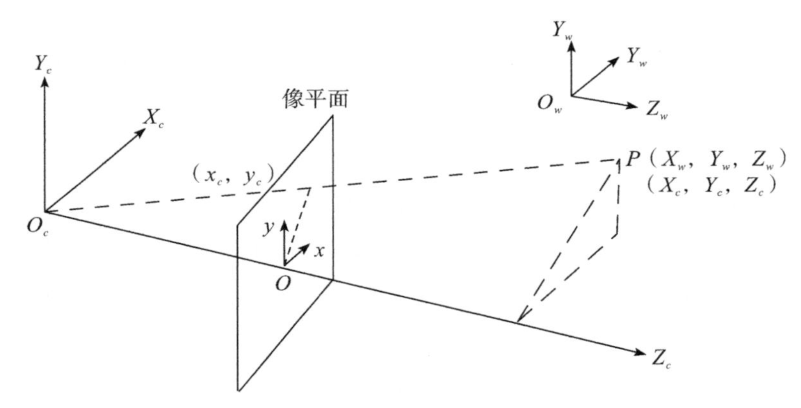


**图 6.3　相机成像原理**

点 $P$ 为现实三维空间中的任意一点,在世界坐标系下的坐标为$(X_w, Y_w, Z_w)$,在相机坐标系下的坐标为 $(X_C, Y_C, Z_C)$,点 $p(x_c, y_c)$ 为它在二维图像平面上的投影坐标,两者之间几何对应关系见式(6.1)。

$$\begin{cases} x_c = f\dfrac{X_c}{Z_c} \\ y_c = f\dfrac{Y_c}{Z_c} \end{cases} \tag{6.1}$$

式中,$f$——焦距。在齐次坐标下,可以用矩阵的形式表示两者之间的透视变化关系,见式(6.2)。

$$Z_c\begin{bmatrix}x_c\\y_c\\1\end{bmatrix}=\begin{bmatrix}f&0&0&0\\0&f&0&0\\0&0&1&0\end{bmatrix}\begin{bmatrix}X_c\\Y_c\\Z_c\\1\end{bmatrix}\tag{6.2}$$

在现实中，世界坐标系和相机坐标系并不一定完全重合，它们之间存在着平移和旋转的关系。在齐次坐标下，这个变化关系可以表示为式(6.3)。

$$\begin{bmatrix}X_c\\Y_c\\Z_c\\1\end{bmatrix}=\begin{bmatrix}\boldsymbol{R}&\mathrm{t}\\\boldsymbol{0}&1\end{bmatrix}\begin{bmatrix}X_w\\Y_w\\Z_w\\1\end{bmatrix}=\boldsymbol{M}\begin{bmatrix}X_w\\Y_w\\Z_w\\1\end{bmatrix}\tag{6.3}$$

式中，$[X_c\quad Y_c\quad Z_c\quad 1]^{\mathrm{T}}$、$[X_w\quad Y_w\quad Z_w\quad 1]^{\mathrm{T}}$——某点在相机坐标系、世界坐标系下的齐次坐标形式；

$\boldsymbol{M}$——一个 4×4 的变换矩阵，又被称作相机的外参数；

$\boldsymbol{R}$——一个 3×3 的正交矩阵，表示的是点的旋转变化；

$t$——点的平移变化；

$\boldsymbol{0}$——零向量。

若现实世界中某一点通过相机成像后在相机坐标系下的坐标为 $(x_c, y_c)$，对应到像素坐标系中的坐标为 $(u, v)$（图 6.4）。

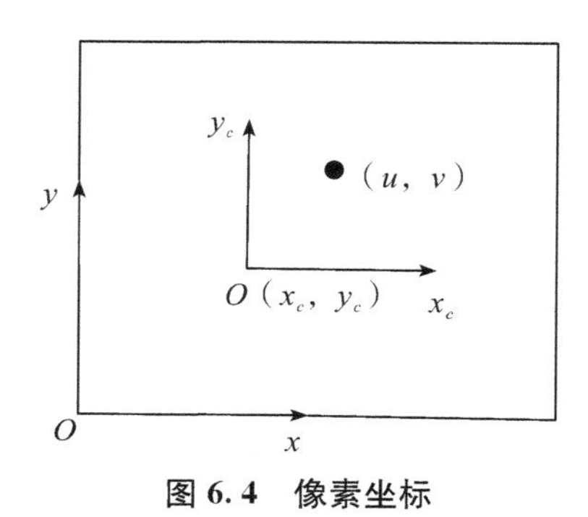


**图 6.4　像素坐标**

实景图像和光轴的交点为 $O(x, y)$，像平面原点坐标为$(x_0, y_0)$，则相机坐标系和像平面坐标系之间的关系见式(6.4)。

$$\begin{cases}\dfrac{x_c}{d_x}=u-x_0\\[2ex]\dfrac{y_c}{d_y}=v-y_0\end{cases}\tag{6.4}$$

式中，$d_x$ 和 $d_y$ ——每个单位物理尺寸对应的像素点个数。

式(6.4)的齐次坐标形式可表示为式(6.5)。

$$\begin{bmatrix} u \\ v \\ 1 \end{bmatrix} = \begin{bmatrix} \frac{1}{d_x} & 0 & x_0 \\ 0 & \frac{1}{d_y} & y_0 \\ 0 & 0 & 1 \end{bmatrix} \begin{bmatrix} x_c \\ y_c \\ 1 \end{bmatrix} \tag{6.5}$$

通过式(6.2)、式(6.3)、式(6.5)可以得到现实三维空间中的点和二维平面图像上的点之间的投影关系，见式(6.6)。

$$Z_c \begin{bmatrix} u \\ v \\ 1 \end{bmatrix} = \begin{bmatrix} \frac{1}{d_x} & 0 & x_0 \\ 0 & \frac{1}{d_y} & y_0 \\ 0 & 0 & 1 \end{bmatrix} \begin{bmatrix} f & 0 & 0 & 0 \\ 0 & f & 0 & 0 \\ 0 & 0 & 1 & 0 \end{bmatrix} \begin{bmatrix} R & t \\ 0 & 1 \end{bmatrix} \begin{bmatrix} X_w \\ Y_w \\ Z_w \\ 1 \end{bmatrix} = \begin{bmatrix} f_x & 0 & x_0 & 0 \\ 0 & f_y & y_0 & 0 \\ 0 & 0 & 1 & 0 \end{bmatrix} \begin{bmatrix} R & t \\ 0 & 1 \end{bmatrix} \begin{bmatrix} X_w \\ Y_w \\ Z_w \\ 1 \end{bmatrix}$$

$$= \boldsymbol{KM} \begin{bmatrix} X_w \\ Y_w \\ Z_w \\ 1 \end{bmatrix} \tag{6.6}$$

式中，$f_x = \frac{f}{d_x}$ 和 $f_y = \frac{f}{d_y}$ ——$x$ 方向和 $y$ 方向上的像素焦距；

$[x \quad y \quad 1]^{\mathrm{T}}$ ——现实三维世界中的某一点对应二维图像上的齐次坐标；

$\boldsymbol{M}$——外参，$M = \begin{bmatrix} R & t \\ 0 & 1 \end{bmatrix}$；

$\boldsymbol{M}$ 建立世界坐标系与相机坐标系的联系：

$$\begin{bmatrix} X_c \\ Y_c \\ Z_c \\ 1 \end{bmatrix} = \begin{bmatrix} R & t \\ 0 & 1 \end{bmatrix} \begin{bmatrix} X_w \\ Y_w \\ Z_w \\ 1 \end{bmatrix} = M \begin{bmatrix} X_w \\ Y_w \\ Z_w \\ 1 \end{bmatrix}, P_c = RP_w + t$$

$\boldsymbol{K}$——内参，$K = \begin{bmatrix} f_x & 0 & x_0 & 0 \\ 0 & f_y & y_0 & 0 \\ 0 & 0 & 1 & 0 \end{bmatrix}$；

$\boldsymbol{K}$ 建立像素坐标系与图像坐标系、相机坐标系的联系。

### 6.2.2 图像去噪

使用相机等设备获取的图像大部分会有很多噪声并且种类也各不相同，这对后续图像的处理将产生不利影响。噪声种类有很多，如电噪声、机械噪声、信道噪声和其他噪声。为了抑制噪声，提高图像质量，便于更高层次的处理，必须对图像进行去噪预处理。消除图像噪声的工作称为图像滤波或平滑。

#### 6.2.2.1 噪声特征

图像噪声一般具有以下特征。

(1)随机性

噪声在图像中的分布和大小不规则，具有随机性。

(2)相关性

噪声与图像之间一般具有相关性。例如，摄像机的信号与噪声相关，黑暗部分噪声大，明亮部分噪声小。数字图像中的量化噪声与图像相位相关，图像内容接近平坦时，量化噪声呈现伪轮廓，但图像中的随机噪声会由于颤噪效应，反而使得量化噪声变得不明显。

(3)叠加性

噪声具有叠加性，在串联图像传输系统中，若各部分窜入噪声是同类噪声则可以进行功率相加，依次信噪比要下降。

#### 6.2.2.2 噪声分类

(1)加性噪声和乘性噪声

按噪声和信号之间的关系，图像噪声可分为加性噪声和乘性噪声。为了分析处理方便，往往将乘性噪声近似认为是加性噪声，而且总是假定信号和噪声是互相独立的。

假定信号为 $S(t)$，噪声为 $n(t)$，如果混合叠加波形是 $S(t)+n(t)$ 的形式，则称其为加性噪声。加性噪声和图像信号强度是不相关的，如图像在传输过程中引进的“信道噪声”电视摄像机扫描图像的噪声等。加性噪声一般指热噪声、散弹噪声等，与信号的关系是相加，不管有没有信号，噪声都存在。一般通信中把加性随机性看成是系统的背景噪声。

如果叠加波形为 $S(t)[1+n(t)]$ 的形式，则称其为乘性噪声。乘性噪声与信号强度有关，往往随图像信号的变化而变化，如飞点扫描图像中的噪声、电视扫描光栅、胶片颗粒噪声等。乘性噪声一般由信道不理想引起，与信号的关系是相乘，信号在它在，信号不在它也就不在。乘性随机性可看成是由系统的时变性(如衰落或者多普勒)或者非线性所造成的。

(2)外部噪声和内部噪声

按照产生原因，图像噪声可分为外部噪声和内部噪声。外部噪声指系统外部干

扰以电磁波或经电源串进系统内部而引起的噪声，如外部电气设备产生的电磁波干扰、天体放电产生的脉冲干扰等。由系统电气设备内部引起的噪声为内部噪声，如内部电路的相互干扰。内部噪声一般可分为以下 4 种：由光和电的基本性质所引起的噪声；电器的机械运动产生的噪声；器材材料本身引起的噪声；系统内部设备电路所引起的噪声。

(3)平稳噪声和非平稳噪声

按照统计特性，图像噪声可分为平稳噪声和非平稳噪声。统计特性不随时间变化的噪声称为平稳噪声；统计特性随时间变化的噪声称为非平稳噪声。

(4)其他噪声

其他噪声还有量化噪声、椒盐噪声、高斯噪声、雷利噪声、白噪声、$1/f$ 噪声、三角噪声、电子噪声、光电子噪声等。

量化噪声是数字图像的主要噪声源，其大小显示出数字图像和原始图像的差异，减少这种噪声的最好办法就是采用按灰度级概率密度函数选择化级的最优化措施。

椒盐噪声也称为脉冲噪声，是图像中经常见到的一种噪声，是一种随机出现的白点或者黑点，可能是在亮的区域有黑色像素或是在暗的区域有白色像素(或是两者皆有)。椒盐噪声的成因可能是影像信号受到突如其来的强烈干扰，类比数位转换器或位元传输错误等，例如，失效的感应器导致像素值为最小值，饱和的感应器导致像素值为最大值。

按噪声幅度随时间分布形状来定义，如其幅度分布是按高斯分布的就称其为高斯噪声，按雷利分布的就称其为雷利噪声。高斯噪声是概率密度函数服从高斯分布(即正态分布)的一类噪声。常见的高斯噪声包括起伏噪声、宇宙噪声、热噪声和散粒噪声等。

按噪声频谱形状来命名，如频谱均匀分布的噪声称为白噪声；频谱与频率成反比的称为 $1/f$ 噪声；与频率平方成正比的称为三角噪声等。

根据影响图像质量的噪声源又可分为电子噪声和光电子噪声。电子噪声是在阻性器件中由电子随机热运动而造成的；光电子噪声是由光的统计本质和图像传感器中光电转换过程引起的。

#### 6.2.2.3 噪声模型

可将实际获得的图像含有的噪声进行不同的分类。从噪声的概率分布情况来看，可分为高斯噪声、瑞利噪声、伽马噪声、指数噪声、均匀噪声和脉冲噪声。

(1)高斯噪声

由于高斯噪声在空间和频域中在数学上具有易处理性，因此这种噪声(也称为正态噪声)模型经常被用于实践中。事实上,这种易处理性非常方便,使高斯模型经常用于临界情况下。高斯噪声的概率密度函数见式(6.7)。

$$P(z)=\frac{1}{\sqrt{2\pi}\sigma}\exp[-(z-u)^2/2\sigma^2] \tag{6.7}$$

式中,$z$ ——灰度值;

$u$ —— $z$ 的平均值或期望值;

$\sigma$ —— $z$ 的标准差。

标准差的平方 $\sigma^2$ 称为 $z$ 的方差。当 $z$ 服从正态分布时候,其值有 70%落在 $[(\mu-\sigma),(\mu+\sigma)]$ 内,且有 95%落在 $[(\mu-2\sigma),(\mu+2\sigma)]$ 范围内。

(2)瑞利噪声

瑞利噪声的概率密度函数见式(6.8)。

$$P(z)=\begin{cases}\frac{2}{b}(z-a)\exp\left[-\frac{(z-a)^2}{b}\right] & (z\geqslant a)\\ 0 & (z<a)\end{cases} \tag{6.8}$$

概率密度的均值和方差见式(6.9)。

$$\begin{cases}u=a+\sqrt{\pi b/4}\\ \sigma^2=b(4-\pi)/4\end{cases} \tag{6.9}$$

(3)伽马(爱尔兰)噪声

伽马噪声的概率密度函数见式(6.10)。

$$P(z)=\begin{cases}\frac{a^b z^{b-1}}{(b-1)!}e^{-au} & (z\geqslant 0)\\ 0 & (z<0)\end{cases} \tag{6.10}$$

式中,$a>0$,$b$ 为正整数且“!”表示阶乘。

其概率密度的均值和方差见式(6.11)。

$$\begin{cases}u=\frac{b}{a}\\ \sigma^2=\frac{b}{a^2}\end{cases} \tag{6.11}$$

尽管经常被用来表示伽马密度,严格地说,只有当分母为伽马函数时才是正确的。

(4)指数噪声

指数噪声的概率密度函数见式(6.12)。

$$P(z)=\begin{cases}az^{-au} & (z\geqslant 0)\\ 0 & (z<0)\end{cases} \tag{6.12}$$

其中 $a>0$。概率密度函数的期望值和方差见式(6.13)。

$$\begin{cases}u=\dfrac{1}{a}\\ \sigma^2=\dfrac{1}{a^2}\end{cases} \tag{6.13}$$

(5)均匀噪声

均匀噪声的概率密度函数见式(6.14)。

$$P(z)=\begin{cases}\dfrac{1}{b-a} & (a\leqslant z\leqslant b)\\ 0 & (\text{其他})\end{cases} \tag{6.14}$$

概率密度函数的期望值和方差见式(6.15)。

$$\begin{cases}u=\dfrac{a+b}{2}\\ \sigma^2=\dfrac{(b-a)^2}{12}\end{cases} \tag{6.15}$$

(6)脉冲噪声(椒盐噪声)

脉冲噪声的概率密度函数见式(6.16)。

$$P(z)=\begin{cases}P_a & (z=a)\\ P_b & (z=b)\\ 0 & (\text{其他})\end{cases} \tag{6.16}$$

如果 $b>a$,灰度值 $b$ 在图像中将显示为一个亮点,相反,$a$ 的值将显示为一个暗点。若 $P_a$ 或 $P_b$ 为零,则脉冲噪声称为单极脉冲。当 $P_a$ 和 $P_b$ 均不为零且近似相等时,脉冲噪声(双极脉冲噪声)会类似于随机分布在图像上,这种现象被称为椒盐噪声,有时也被称为散粒和尖峰噪声。

噪声脉冲可以是正的,也可以是负的。标定通常是图像数字化过程的一部分。与图像信号的强度相比,脉冲干扰通常较大,因此,在一幅图像中,脉冲噪声总是数字化为最大值(纯黑或纯白)。这样,通常假设 $a$,$b$ 是饱和值,从某种意义上看,在数字化图像中,它们等于所允许的最大值和最小值。因此,负脉冲以一个黑点(胡椒点)出现在图像中,正脉冲以白点(盐点)出现在图像中。对于一个 8 位图像,$a=0$(黑),$b=255$(白)。

#### 6.2.2.4 图像去噪算法

图像噪声在数字图像处理技术中的重要性越来越明显,如在高放大倍数航片的判读、X射线图像系统中的噪声去除等已经成为不可缺少的技术步骤。图像去噪算法可以分为以下几类。

(1)空间域滤波

空间域滤波是以像元与周围邻域像元的空间关系为基础,通过卷积运算实现图像滤波的一种方法。

狭义地说,滤波是指改变信号中各个频率分量的相对大小,或者将其分离出来加以抑制,甚至全部滤除某些频率分量的过程。广义地说,滤波是把某种信号处理成为另一种信号的过程。直方图匹配又称为直方图规定化,是指使一幅图像的直方图变成规定形状的直方图而进行的图像增强方法。

常见的空间域图像去噪算法有邻域平均法、中值滤波、低通滤波、高通滤波等。

(2)变换域滤波

图像变换域去噪方法是对图像进行某种变换,将图像从空间域转换到变换域,对变换域中的变换系数进行处理,再进行反变换,将图像从变换域转换到空间域来达到去除图像噪声的目的。将图像从空间域转换到变换域的变换方法很多,如傅里叶变换、沃尔什—哈达玛变换、余弦变换、K—L变换以及小波变换等。而傅里叶变换和小波变换则是常见的用于图像去噪的变换方法。

(3)偏微分方程

偏微分方程是近年来兴起的一种图像处理方法,主要针对底层图像的处理,并具有良好的效果。偏微分方程具有各向异性的特点,应用在图像去噪中,可以在去除噪声的同时,很好地保持边缘。偏微分方程的一类主要应用是一种基本的迭代格式,通过随时间变化的更新,使得图像向所要得到的效果逐渐逼近。该方法在确定扩散系数时有很大的选择空间,在前向扩散的同时具有后向扩散的功能,因此,具有平滑图像和将边缘尖锐化的能力。偏微分方程在低噪声密度的图像处理中取得了较好的效果,但是在处理高噪声密度图像时去噪效果不好,而且处理时间明显高出许多。

(4)变分法

另一种利用数学进行图像去噪的方法是基于变分法的思想,确定图像的能量函数,通过对能量函数的最小化工作,使得图像达到平滑状态,现在得到广泛应用的全变分TV模型就是这一类。这类方法的关键是找到合适的能量方程,保证演化的稳定性,获得理想的结果。

(5)形态学噪声滤除器

将开与闭结合可用来滤除噪声,首先对有噪声图像进行开运算,可选择结构要素矩阵比噪声尺寸大,因而开运算的结果是将背景噪声去除,再对前一步得到的图像进行闭运算，将图像上的噪声去掉。据此可知，此方法适用的图像中的对象尺寸都比较大，且没有微小细节，除噪效果会较好。

### 6.2.3 畸变校正

使用相机采集的图像由于镜头畸变问题会发生扭曲从而影响图像拼接的效果。畸变的出现是因为在图像采集的过程中，采集使用的设备性能存在误差或者采集者本身操作存在问题，图像参考二维平面发生扭曲或者偏移，最终使图像内容发生形状和相对坐标的改变。一般情况下，镜头的畸变可以归为径向畸变和切向畸变两种类别。

#### 6.2.3.1 径向畸变

发生径向畸变的图像，畸变的方向和所使用的透镜的半径方向是一致的。该现象主要是由于在越远离透镜中心的地方，光产生的射线扭曲得越明显。光线经过透镜的不同部分时，弯曲程度不一样；镜头基本上是中心对称的，因此畸变呈现出以主点为中心的辐射状。该畸变可以分为两种类型(图 6.5)。

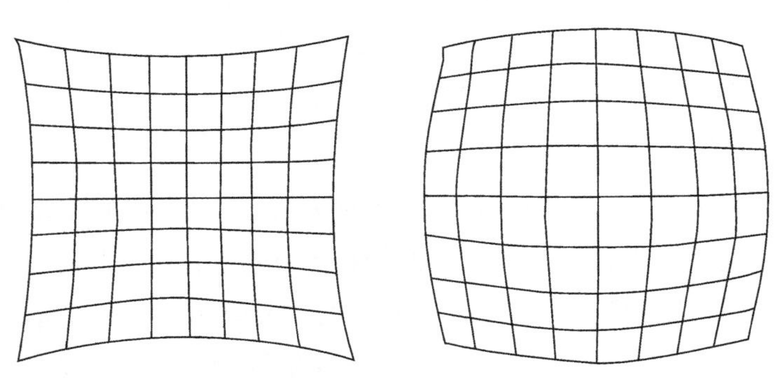

图 6.5 径向畸变

径向畸变的矫正公式见式(6.17)。

$$\begin{cases} u' = u(1 + k_1 r^2 + k_2 r^4 + k_3 r^6) \\ v' = v(1 + k_1 r^2 + k_2 r^4 + k_3 r^6) \end{cases} \tag{6.17}$$

式中，$(u, v)$——畸变校正前像素点的坐标；

$(u', v')$——畸变校正后像素点新的坐标；

$k_1$、$k_2$ 和 $k_3$——该区域内中心点周围的泰勒级数展开式的前三项；

$r$——以像素点为圆心的圆半径。

#### 6.2.3.2 切向畸变

如果透镜在安装时产生问题，成像平面与主光轴不平行，则容易导致图片采集器形成倾斜的图像平面，从而出现切向畸变(图 6.6)。

切向畸变的矫正公式见式(6.18)。

$$\begin{cases} u' = u + [2P_1 v + P_2(r^2 + 2u^2)] \\ v' = v + [P_1(r^2 + 2v^2) + 2P_2 u] \end{cases} \tag{6.18}$$

式中，$(u,v)$——畸变校正前像素点的坐标；

$(u',v')$——畸变校正后像素点新的坐标；

$P_1$ 和 $P_2$——畸变参数。

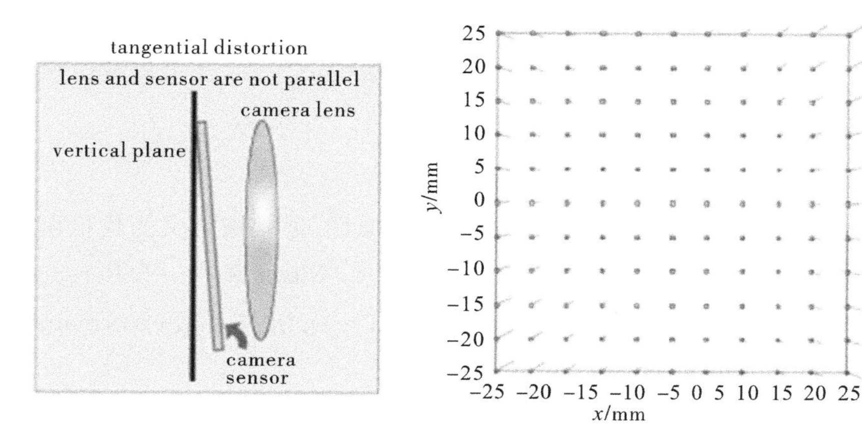


图 6.6　切向畸变

由式(6.17)和式(6.18)可以看出，公式中共有 $k_1$、$k_2$、$k_3$、$P_1$ 和 $P_2$ 5 个参数，这 5 个参数具体的值可以通过相机标定进行确定，从而可以算出畸变矫正后像素的坐标。

## 6.3　图像配准

图像配准是图像拼接过程中最重要的步骤，其准确性和速度决定了图像拼接整个过程的准确性和速度，因此，图像配准方式和算法的选择显得尤为重要。同一场景在不同条件下投影所得到的二维图像会有很大的差异，这主要是由传感器的噪声、成像过程中视角的改变、目标的运动和形变、光照或环境的改变，以及多种传感器的使用等引起。在这些条件下，匹配算法如何达到精、准、快和较好的鲁棒性成为人们研究的重点。

图像配准主要是通过图像的相似性度量确定图像之间的几何关系，再根据不同的几何关系将不同的图像进行坐标统一化。经过坐标统一化的相邻图像具有重叠部分，因此可以根据图像之间的重叠部分进行配准对齐，从而完成图像配准。针对不同的图像和数据有许多配准方法，而它们一般都是由以下 4 个要素组成：特征空间、相似性度量、搜索空间、搜索策略。

(1)特征空间

特征空间由参数匹配的图像特征构成。这些特征一般都是基于图像灰度提取出来的数字特征,包括图像的角点、边缘、轮廓和统计特征等。在特征选取时必须考虑以下3点因素。

①选取的特征必须是参考图像和待配准图像所共同具有的特征。

②特征集必须包含足够多的特征,并且这些特征在图像上要分布均匀。

③选取的特征必须易于进行特征匹配。

选择合理的特征空间不但可以提高配准算法的适应性,还可以减少搜索空间和噪声等不确定性因素对匹配算法的影响。

(2)相似性度量

相似性度量用于评估待匹配特征之间的相似性,通常被定义为代价函数或者是距离函数的形式。常用的相似性度量包括均方差(Mean Square Difference,MSN)、SSD函数(Sum of Square Difference,SSD)、归一化相关系数(Normalized Cross-Correlation,NCC)、欧式距离、Hausdorff距离。

相似性度量在特征空间的基础上,决定了图像特征参与配准的运算形式,进一步提高了配准算法的性能。

(3)搜索空间

图像配准是一个参数最优估计的过程,估计参数组成的集合称为搜索空间。搜索空间是指所有可能的图像变换组成的集合。根据其影响的复杂度,通常可以将变换分为全局和局部的变化。

(4)搜索策略

搜索策略是指用合适的方法在搜索空间中找出图像参数的最优估计,从而使相似性度量达到最大。搜索策略对于减少计算量有很重要的意义,搜索空间越复杂,选择合理的搜索策略越重要,对算法的要求就越高。常用的搜索策略有多尺度搜索、序贯判决、松弛算法、广义Hough变换、线性规划、模拟退火算法、遗传算法以及神经网络等。

以上4个方面是相互联系、相互影响的。图像配准有很多不同的匹配方式,并且每种匹配方式拥有各自的优缺点和适应情况。图像配准大概可以分为基于模板的图像配准、基于灰度信息的图像配准、基于变换域的图像配准和基于特征的图像配准4种方式。在设计配准算法时,根据实际的应用背景条件,需要确定图像的成像方式及图像配准的各项性能指标,选择合适的特征空间和搜索空间,通过搜索策略找到使相似性度量最大的最优变换参数。

### 6.3.1 基于模板的图像配准

基于模板的图像配准是最简单也是最基础的配准方式，该方式主要通过使用某种搜索方式，根据图像的像素信息在空间内找到相匹配的像素点，在原图像 $S$ 中寻找定位给定目标图像 $T$(即模板图像)。因为图像拼接使用的待配准图像和原始图像之间有重合的部分，所以可以利用这个方式找到两幅图像相对应的像素点并进行匹配，其原理很简单，就是通过一些相似度准则来衡量两个图像块之间的相似度 Similarity $(S,T)$。首先在原始图像中选取一个区域作为模板，通过计算找到待配准图像中与模板相对应的区域。模板匹配的原理见图 6.7。

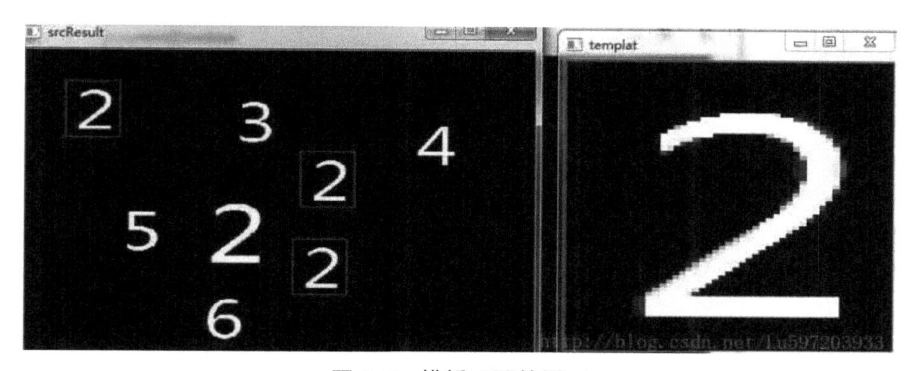


图 6.7 模板匹配的原理

模板匹配的工作方式跟直方图的反向投影基本一样，通过在输入图像上滑动图像块对实际的图像块和输入图像进行匹配。假设我们有一张 100×100 的输入图像，有一张 10×10 的模板图像，查找的过程如下：

①从输入图像的左上角(0,0)开始，切割一块(0,0)至(10,10)的临时图像；

②用临时图像和模板图像进行对比，对比结果记为 $c$；

③对比结果 $c$，就是结果图像(0,0)处的像素值；

④在(0,1)至(10,11)的临时图像中切割输入图像，对比，并记录结果图像；

⑤重复①～④步直到输入图像的右下角。

模板匹配对形态固定的图案具有较好的效果，但是随着配准图像在数量级的扩大，计算复杂度会增加，实时性会增加，随着图像拍摄环境和成像条件的多变，算法的适应性会变差。开源库 OpenCV 提供了基于模板的图像配准方案，matchTemplate 函数可在模板块和输入图像之间寻找匹配，获得匹配结果图像；minMaxLoc 函数可在给定的矩阵中寻找最大值和最小值(包括它们的位置)，函数说明如下。

```
void matchTemplate(
    InputArray image,
```

```
    InputArray templ,
    OutputArray result,
    int method,
    InputArray mask = noArray()
);
```

参数说明如下。

①InputArray 类型的 src,运行搜索的图像。它必须是 8 位或 32 位浮点。

②InputArray 类型的 templ,已搜索模板。它不能大于原图像,并且具有相同的数据类型。

③OutputArray 类型的 result,比较结果的映射。它必须是单通道 32 位浮点。

④int 类型的 method,指定比较方法的参数,请参见 cv::TemplateMatchModes。

⑤InputArray 类型的 mask,搜索模板的掩码。它必须与 temp 具有相同的数据类型和大小。默认情况下不设置。

```
void minMaxLoc(InputArray src,CV_OUT double * minVal,
               CV_OUT double * maxVal=0,CV_OUT Point * minLoc=0,
               CV_OUT Point * maxLoc=0,InputArray mask=noArray());
```

开源库 OpenCV 提供了以下 6 种模板匹配的方法。

(1)平方差匹配法 CV_TM_SQDIFF

平方差匹配法就是通过计算每个像素点差的平方和,与数学中统计里面的平方差类似。但是因为要的只是一个值,所以最后不需要求平均。

匹配相似性的计算见式(6.19)。

$$R(x,y)=\sum_{x',y'}[T(x',y')-I(x+x',y+y')]^2 \tag{6.19}$$

如果相近,则每个差都很小,最终的和也很小,如果完全一致,则差为 0,所以最好的匹配就是这个值为零的时候。值越大,匹配越差。

(2)归一化平方差匹配法 CV_TM_SQDIFF_NORMED

归一化平方差匹配法是对平方差匹配法进行归一化标准处理,经过处理后,计算的结果值就不会太大。

匹配相似性的计算见式(6.20)。

$$R(x,y)=\frac{\sum_{x',y'}[T(x',y')-I(x+x',y+y')]^2}{\sqrt{\sum_{x',y'}T(x',y')^2 * \sum_{x',y'}I(x+x',y+y')^2}} \tag{6.20}$$

(3)相关匹配法 CV_TM_CCORR

相关匹配法采用模板和图像间的乘法操作,匹配相似性的计算见式(6.21)。

$$R(x,y)=\sum_{x',y'}[T(x',y')*I(x+x',y+y')] \tag{6.21}$$

若计算的匹配值较大，表示匹配程度较高；0表示最坏的匹配效果。

(4)归一化相关匹配法 CV_TM_CCORR_NORMED

归一化相关匹配法是对相关匹配法进行归一化标准处理，经过处理后，计算的结果值就不会太大。

匹配相似性的计算见式(6.22)。

$$R(x,y)=\frac{\sum_{x',y'}[T(x',y')*I(x+x',y+y')]}{\sqrt{\sum_{x',y'}T(x',y')^2*\sum_{x',y'}I(x+x',y+y')^2}} \tag{6.22}$$

(5)相关系数匹配法 CV_TM_CCOEFF

相关系数匹配法是将模板对其均值的相对值与图像对其均值的相关值进行匹配。匹配相似性的计算见式(6.23)。

$$R(x,y)=\sum_{x',y'}[T'(x',y')*I'(x+x',y+y')] \tag{6.23}$$

其中

$$T'(x',y')=T(x',y')-\frac{1}{wh}*\sum_{x'',y''}T(x'',y'')$$

$$I'(x+x',y+y')=I(x+x',y+y')-\frac{1}{wh}*\sum_{x'',y''}I(x+x'',y+y'')$$

式中，1——完美匹配；

-1——糟糕的匹配；

0——没有任何相关性(随机序列)。

(6)归一化相关系数匹配法 CV_TM_CCOEFF_NORMED

归一化相关系数匹配法是对相关系数匹配法进行归一化标准处理，经过处理后，计算的结果值就不会太大。

匹配相似性的计算见式(6.24)。

$$R(x,y)=\frac{\sum_{x',y'}[T'(x',y')*I'(x+x',y+y')]}{\sqrt{\sum_{x',y'}T(x',y')^2*\sum_{x',y'}I(x+x',y+y')^2}} \tag{6.24}$$

### 6.3.2 基于灰度信息的图像配准

基于灰度信息的图像配准主要以图像中的像素点的灰度值为参考因素，直接利用两幅图像之间灰度度量的相似性，以图像内部的信息为依据，采用搜索方法寻找相

似度最大点或者最小点，确定参考图像和待配准图像之间的变换参数。

基于灰度信息的图像配准不需要对参考图像和待配准图像进行复杂的预处理，但像素点过多、计算量大，会导致图像匹配速率变低。

基于灰度信息的图像配准方法主要有互相关法、序列相似度配准法、互信息法。

(1)互相关法

互相关法是一种匹配度量，通过计算法模板图像和搜索窗口之间的互相关值，来确定匹配的程度，互相关值最大时的搜索窗口位置决定了模板图像在待配准图像中的位置。

设 $I(x,y)$ 为基准图像，$T(x,y)$ 为模板图像，令模板图像在基准图像中移动，并计算两者之间的相似程度，峰值出现的地方即为所求的配准位置，在每一个位移点 $(i,j)$ 上，两者的相似度计算见式(6.25)。

$$D(i,j)=\frac{\sum_x\sum_y(T(x,y)*I(x-i,y-j))}{\sqrt{\sum_x\sum_y I^2(x-i)(y-j)}} \tag{6.25}$$

也可以通过相关系数来度量图像的相似度，相关系数定义见式(6.26)。

$$R(I,T)=\frac{\sum_x\sum_y[T(x,y)-u_T]*[I(x,y)-u_I]}{\sqrt{\sum_x\sum_y[(T(x,y)-u_T]^2\sum_x\sum_y[(I(x,y)-u_I]^2}} \tag{6.26}$$

式中，$u_I$ 和 $u_T$ ——基准图像与模板图像的均值。

此方法从理论上能更准确地描述两幅图的相似程度，且可以用快速傅里叶变换，大大提高了计算效率。

(2)序列相似度配准法

序列相似度配准法是先选择一个设定的门限 $T$，在某点上计算两幅图像的残差和，若残差和大于固定门限 $T$，就认为当前点不是匹配点，从而终止当前残差和的计算，转向用别的点来计算残差和，最后认为残差和增长最慢的点就是匹配点。

对于大部分非匹配点来说，只需要计算模板中的前几个像素点，而只有匹配点附近的点需要计算整个模板，设 $I(x,y)$ 为基准图像，$T(x,y)$ 为待配准图像，其相似函数见式(6.27)。

$$E(i,j)=\sum_x\sum_y|T(x,y)-I(x-i,y-j)| \tag{6.27}$$

归一化后，见式(6.28)。

$$E(i,j)=\sum_x\sum_y|T(x,y)-u_T-I(x-i,y-j)+u_{I(x,y)}| \tag{6.28}$$

式中，$u_T$ ——模板图像的均值，表示在移位点 $(i,j)$ 时窗口内基准图像的均值。

(3)互信息法

将图像的灰度值认为是具有独立样本的空间随机过程，用统计特征及概率密度函数来描述图像的统计特性，互信息定义见式(6.29)。

$$I(i,j)=\sum_{x\in X}\sum_{y\in Y}P(x,y)\log\frac{P(x,y)}{f(x)g(y)} \tag{6.29}$$

式中，$P(x,y)$ ——随机变量 $x,y$ 的联合概率密度函数；

$f(x)$ 、$g(y)$ ——随机变量 $x,y$ 的概率密度函数。

如果两幅图片达到匹配，它们的互信息达到最大值，在图像配准应用中，通常联合概率密度和边缘概率密度可以通过两幅图像的重叠区域的联合概率的直方图和边缘概率的直方图来估计，或者用 Parzen 窗概率密度来估计。

基于灰度的图像配准方法实现简单，但存在着如下缺点：

①对图像的灰度变化比较敏感，尤其是非线性的光照变化，将大大降低算法的性能；

②计算的复杂度高；

③对目标的旋转、形变，以及遮挡比较敏感。

### 6.3.3 基于变换域的图像配准

基于变换域的图像配准主要通过使用傅里叶变换法将空域中的像素值经过空域变换转换为频域的对应数值，再经过相似度量最终确定待配准图像和原图像是否匹配，从而完成图像的配准。傅里叶变换法主要有以下优点：图像的平移、旋转、仿射等变换在傅氏变换域中都有相应的体现；利用变换域的方法还有可能获得一定程度抵抗噪声的鲁棒性；由于傅氏变换有成熟的快速算法并且易于硬件实现，因而在算法实现上有独特的优势。

傅里叶变换将图像从空间域转换到频域中，然后对不同频域中的数据采用某种相似性测量函数来衡量图像与图像之间的匹配程度。在衡量图像的相似性过程中，一般会采用相位的偏移量作为横向标准，而灰度的变化对频域中相位的影响并不是很大，所以这种算法对灰度变化并不敏感，能够适用于光照发生变化时的图像间配准。

令 $f_2(x,y)$ 为 $f_1(x,y)$ 在 $x$ 和 $y$ 方向上分别平移 $x_0$ 和 $y_0$ 后的图像灰度值，则有式(6.30)。

$$f_2(x,y)=f_1(x-x_0,y-y_0) \tag{6.30}$$

设 $f_1(x,y)$ 和 $f_2(x,y)$ 的傅里叶变换分别为 $F_1(x,y)$ 和 $F_2(x,y)$，对式(6.30)两端同时做傅里叶变换，由傅里叶变换的平移性质可以得到式(6.31)。

$$F_2(u,v)=F_1(u,v)\,e^{-j2\pi(ux_0+vy_0)} \tag{6.31}$$

通过式(6.31)可以看出，经过平移之后的图像和原图像之间具有相同的幅值。它们两者的相位差可通过功率谱相位来等效表示，其关系见式(6.32)。

$$\frac{F_1(u,v)F_2^*(u,v)}{|F_1(u,v)F_2^*(u,v)|}=e^{-j2\pi(ux_0+vy_0)} \tag{6.32}$$

式中，$F_2^*(u,v)$ —— $f_2(x,y)$ 的傅里叶变换 $F_2(u,v)$ 的共轭。

式(6.32)两端同时求傅里叶逆变换，可以得到式(6.33)。

$$\sigma(x-x_0,y-y_0)=F^{-1}(e^{-j2\pi(ux_0+vy_0)}) \tag{6.33}$$

通过上式可以得到，在 $(x_0,y_0)$ 处上式的脉冲响应函数取得最大值，进而就得到最佳的配准位置。

基于变换域的图像配准对于噪声的抗干扰性很强，并且使用不同相位的偏移量估计两幅图像的匹配程度，因此对图像中像素点的灰度值大小的依附性很小。

### 6.3.4 基于特征的图像配准

基于特征的图像配准是现阶段图像配准技术的最主要匹配方式。通过提取特征的方式可以避免特征点数量过多，影响图像配准的速度。选取合适的特征提取算法与提高图像配准的准确度有直接的影响，因此，在基于特征的图像配准中特征提取算法的选取是至关重要的。

特征提取可以按提取的特征分为点特征、区域特征和边缘特征等。特征的选取主要根据待配准图像的灰度性质确定，其目的主要是消除与图像配准无关的像素信息，从而加快后续匹配的速度。

特征匹配是特征提取的后续步骤，在图像的特征被提取出来后，根据一定的参照因素找出两幅图像的特征集合中的对应特征，并描述对应特征的关系，最后根据特征集合描述的特征关系确定两幅图像的几何关系。在特征匹配过程中，根据在进行匹配时参照的因素，可以将特征匹配的方式分为特征描述符方法、松弛方法和金字塔方法等。较为常用的特征点提取算子有 Moravec 算子、Forstner 算子、Harris 算子、SUSAN 算子、近年来较为流行的由 Lowe 提出的 SIFT 算法，以及 2006 年由 Herbert Bay 提出的 SURF 算法等。

#### 6.3.4.1 Moravec 算法

1977 年 Moravec 提出的角点检测算法是利用图像像素灰度方差来提取特征点的一种经典算法。利用模板来计算图像像素点在垂直、水平、对角线、反对角线 4 个方向的平均灰度变化值，取最小值为该像素的角点响应函数，并在一定图像区域内选取具有最大角点响应函数值的像素点为角点。有以下算法步骤。

①设像素 $(c,r)$ 为中心，计算水平、垂直、对角线、反对角线 4 个方向相邻像素灰度差的平方和，见式(6.34)。

$$
\begin{cases}
V_1 = \sum_{i=-k}^{k-1} (g_{c+ir} - g_{c+i+lr})^2 \\
V_2 = \sum_{i=-k}^{k-1} (g_{c+ir+i} - g_{c+i+lr+i+1})^2 \\
V_3 = \sum_{i=-k}^{k-1} (g_{cr+i} - g_{cr+i+1})^2 \\
V_4 = \sum_{i=-k}^{k-1} (g_{c+ir-i} - g_{c+i+lr-i-1})^2
\end{cases}
\tag{6.34}
$$

式(6.34)中，$k = \frac{i=-k}{INT}(w/2)$ 。取 $IV_{cr} = \min(V_1, V_2, V_3, V_4)$ 作为该像素 $(c,r)$ 的特征点。

②设定阈值 $T$，将特征值比 $T$ 大的点(即特征值计算窗口的中心点)作为特征点的候选点。

③在一定大小的计算窗口内，将候选点中特征值非最大者均去掉，仅留下一个特征值最大的特征点。这个过程也可以称为“抑制局部非最大”。

#### 6.3.4.2　Harris 算法

Harris 算法是在 Moravec 算法的基础上提出的角点算法，首次将邻域像素点的差值引入特征点的检测中，是众多特征点检测算法的基础。

(1)Harris 算法原理

如果图像中的某一点在邻域内各个方向上的灰度变化都很明显，则认为这个点就是角点。Harris 角点检测的原理如下：首先在需要检测的图像上选取一个 $M \times M$ 大小的、可以移动的检测窗口，不断地移动这个检测窗口；假设移动窗口为 $W$，移动窗口在任何方向的平移量为 $(u,v)$，移动窗口在平移过程中产生的灰度变化为 $E(u,v)$，那么 $E(u,v)$ 可表示为式(6.35)。

$$E(u,v) = \sum_{x,y} W(x,y)[I(x+u,y+v) - I(x,y)]^2 \tag{6.35}$$

式中，$W(x,y)$ ——选取的移动窗口的函数；

$I(x+u,y+v)$ ——移动窗口在 $x$ 方向和 $y$ 方向上进行平移后窗口内像素的灰度值；

$I(x,y)$ ——移动窗口在 $x$ 方向和 $y$ 方向上进行平移前窗口内像素的灰度值。

为了减小计算量，可以通过泰勒公式进行化简。由泰勒公式展开可以得到式(6.36)。

$$E(u,v)=\sum_{x,y}W(x,y)[I_x u+I_y v+O(u^2,v^2)]^2\approx[u,v]M\begin{bmatrix}u\\v\end{bmatrix} \tag{6.36}$$

式中，$W(x,y)$ ——选取的移动窗口的函数。

矩阵 $\boldsymbol{M}$ 见式(6.37)。

$$\boldsymbol{M}=\sum_{x,y}W(x,y)\begin{bmatrix}I^2{}_x & I_xI_y\\ I_xI_y & I^2{}_y\end{bmatrix} \tag{6.37}$$

式中，$I_x$ 和 $I_y$ ——图像中像素点在 $x$ 和 $y$ 方向上的梯度。

由上面的分析可以看出，Harris 角点检测最终简化成了关于矩阵的分析与讨论。首先设矩阵 $\boldsymbol{M}$ 的特征值分别为 $\lambda_1$ 和 $\lambda_2$，针对移动窗口内的像素变化的情况和特征值的大小可以分成 3 种情况。

第一种，窗口内的像素灰度值是恒定不变的，则该点在邻域区域内的各个方向都不发生变化，这种情况代表像素点是位于平坦区域内的点。

第二种，当移动窗口横跨在某一条边上，并且沿着这条边移动时，偏移变化不大，当沿着垂直这条边的方向进行移动时，偏移变化很大，这种情况代表像素点是直线上的点。

第三种，如果移动窗口内的某一点是角点或者独立的点，则在邻域内的各个方向上的偏移变化都很大，因此角点被认为是在图像中亮度变化剧烈的点。

由以上分析可知，Harris 角点检测中对角点的选取可表示为式(6.38)。

$$R=\mathrm{Det}(\boldsymbol{M})-\mathrm{k}Tr^2(\boldsymbol{M}) \tag{6.38}$$

式中，$\mathrm{Tr}(\boldsymbol{M})$ 和 $\mathrm{Det}(\boldsymbol{M})$ ——$\boldsymbol{M}$ 矩阵的迹和行列式的值；

$k$ ——经验值。

$\mathrm{Tr}(\boldsymbol{M})$ 和 $\mathrm{Det}(\boldsymbol{M})$ 的计算方式分别见式(6.39)、式(6.40)。

$$\mathrm{Tr}(\boldsymbol{M})=\lambda_1+\lambda_2 \tag{6.39}$$

$$\mathrm{Det}(\boldsymbol{M})=\lambda_1\lambda_2 \tag{6.40}$$

将式(6.39)和式(6.40)带入式(6.38)则可得出式(6.41)。

$$R=\lambda_1\lambda_2-k(\lambda_1+\lambda_2)^2 \tag{6.41}$$

根据式(6.41)以及 Harris 角点的原理，当 $R$ 大于设定的阈值时，该点就是关键点。

(2)Harris 角点检测

①计算 Harris 角点原理中 $\boldsymbol{M}$ 矩阵内部的各个元素值，内部元素组成矩阵 $\boldsymbol{N}$，见式(6.42)。

$$\boldsymbol{N}=\begin{bmatrix}I_x^2 & I_xI_y\\ I_xI_y & I_y^2\end{bmatrix} \tag{6.42}$$

式中，$I_x$ 和 $I_y$ ——图像中像素点在 $x$ 和 $y$ 方向上的梯度。

②针对图像中的每个像素点，分别计算它们的兴趣值，设兴趣值为 $R$，则表达式见式(6.43)。

$$R = I_x^2 * I_y^2 - (I_x I_y)^2 - k(I_x^2 + I_y^2)^2 \tag{6.43}$$

式中，$k$——经验值。

③通过角点响应函数选出局部极值点。

④设定一个值 $H$，若候选角点大于设定的值，则为最终的角点。

(3)Harris 算法优缺点

Harris 角点检测在对特征点进行判断时使用了图像的一阶微分运算，并且角点是根据二阶矩阵的特征值大小进行判断的，因此 Harris 角点对亮度变化鲁棒性好并且具有旋转不变性。

Harris 角点检测主要有 3 个缺点：第一，阈值的大小会直接影响对角点的判断。如果阈值设置不合理，会严重影响角点的选取以及图像的拼接。第二，Harris 角点检测算法在检测特征点时主要通过参考像素点的灰度值大小进行选取，因此容易受到图像中噪声的影响，导致角点检测的准确性下降。第三，Harris 角点检测算法在检测特征点的时候没有考虑尺度不同的同一幅图像上角点是否有变化，因此检测出的角点会受图像的尺度影响。

#### 6.3.4.3 SIFT 算法

SIFT 算法为尺度不变特征变换(Scale-invariant feature transform，SIFT)的简写，该算法于 2004 年完成了最终的版本。

(1)SIFT 算法原理和步骤

SIFT 算法大致可以分以下几个步骤。

1)尺度空间的建立

SIFT 算法通过建立尺度空间，针对图像的多尺度特征进行模拟，使该算法检测出的特征点具有尺度不变性。假设一个图像的尺度空间用 $L(x, y, \delta)$ 表示，尺度空间的计算方法见式(6.44)。

$$L(x, y, \delta) = G(x, y, \delta) \times I(x, y) \tag{6.44}$$

由上式可以看出，尺度空间由 $x, y, \delta$ 3 个参数决定，其中，$x$ 和 $y$ 分别代表像素点在 $x$ 轴和 $y$ 轴方向的位置，$\delta$ 代表的是尺度因子，$G(x, y, \delta)$ 是高斯函数，对应表达式见式(6.45)。

$$G(x, y, \delta) = \frac{1}{2\pi\delta^2} \times e^{\frac{(x-m/2)^2+(y-n/2)^2}{2\delta^2}} \tag{6.45}$$

式中，$m$ 和 $n$——在 $x$ 轴方向和在 $y$ 轴方向上高斯模板的维度。因此，高斯差分尺度空间见式(6.46)。

$$D(x,y,\delta)=(G(x,y,k\delta)-G(x,y,\delta))\times I(x,y)=L(x,y,k\delta)-L(x,y,\delta) \tag{6.46}$$

式中，$k$——两个相邻组的尺度空间分子比例，是组内所有层数和的倒数。

构造完尺度空间后，就可以进行极值检测，也就是进行关键点的初步检测。关键点的初步检测实际是针对高斯差分金字塔的局部极值点进行检测。将每组除去第一层和最后一层后，每一层的每一个像素点与它所有的邻域点进行比较，其中中间的像素点的邻域点有 26 个像素点。如果此像素点是极值，则该点就是初步检测出的极值点。

2)关键点定位

完成关键点的精准定位后，还需要删除图像中不稳定的点。为了将这些点进行剔除，首先需要获取特征点处的 Hessian 矩阵，见式(6.47)。

$$\boldsymbol{H}=\begin{bmatrix} D_{xx} & D_{xy} \\ D_{xy} & D_{yy} \end{bmatrix} \tag{6.47}$$

式中，$D_{xx}$——像素点相对于 $x$ 的二阶偏导数；

$D_{yy}$——像素点相对于 $y$ 的二阶偏导数；

$D_{xy}$——像素点相对于 $x$ 和 $y$ 的偏导数。

矩阵 $\boldsymbol{H}$ 的特征值可以设为 $\alpha$ 和 $\beta$，分别代表该关键点在 $x$ 和 $y$ 方向的梯度。根据矩阵特征值可以得出矩阵的对角线之和与矩阵的行列式值见式(6.48)。

$$\begin{aligned} \mathrm{Tr}(\boldsymbol{H}) &= D_{xx}+D_{yy}=\alpha+\beta \\ \mathrm{Det}(\boldsymbol{H}) &= D_{xx} * D_{yy}-D_{xy}{}^{2}=\alpha\beta \end{aligned} \tag{6.48}$$

假设 $\alpha$ 为相对较大的特征值，$\beta$ 为相对较小的特征值，可以得出式 6.49。

$$\frac{\mathrm{Tr}(\boldsymbol{H})^{2}}{\mathrm{Det}(\boldsymbol{H})}=\frac{(r\beta+\beta)^{2}}{r\beta^{2}}=\frac{(r+1)^{2}}{r} \tag{6.49}$$

由上式可以看出，$(r+1)^{2}/r$ 在两个特征值相等时最小，当某一个特征值特别大，另一个特征值特别小的时候，该式结果将变大，此时的点位于图像边缘处。因此，若该式大于某一固定值，则可以认为该关键点为不稳定的边缘点，即可被删除。

3)关键点方向的确定

为了保证关键点的旋转不变性，需要在确定关键点的位置后，再确定其主方向。首先，获取以关键点为圆心，以 $3\delta$ 为半径的邻域内的像素点的梯度和方向分布特征。该关键点 $L(x,y)$ 的模值和方向分别见式(6.50)和式(6.51)。

$$m(x,y)=\sqrt{[L(x+1,y)-L(x-1,y))^{2}+(L(x,y+1)-L(x,y-1)]^{2}} \tag{6.50}$$

$$\theta(x,y)=\tan^{-1}\{[L(x,y+1)-L(x,y-1)]/[L(x+1,y)-L(x-1,y)]\} \tag{6.51}$$

在计算完关键点的梯度后，需要绘制该关键点的梯度和方向的直方图并进行统计。将以关键点为中心的邻域划分为 8×8 的方格，然后将每个方格内的方向统计成为直方图。绘制的直方图共 36 个圆柱，每个范围为 10°。直方图中，最高的方向代表该关键点的基准方向。

4)关键特征点的描述

在对特征点建立描述符之前，为了保证旋转不变性，需要先将坐标进行转换，使其与关键点的方向统一，再把 0°～360°的角度范围分成 8 等份，然后将划分的 16 个子区域内的点，根据本身梯度角度的大小在 128 个表示方向范围的小正方体内进行选择。

(2)SIFT 算法优缺点

SIFT 算法具有很多优点，其中两个优点最为重要。第一，由于 SIFT 算法对于关键点的主方向进行了确定，因此该算法具有旋转不变性。第二，由于使用了高斯金字塔对不同尺度的图像进行了分析，因此特征点不受尺度影响。

SIFT 算法虽然鲁棒性很好，可是由于在特征点进行描述时需要构造 128 维的向量，因此增大了运算量，导致了图像处理时间过长。

#### 6.3.4.4 SURF 算法

加速稳健特征(Speeded up robust features，SURF)算法是众多图像匹配算法中的经典算法，该算法的出现，成功解决了图片的多尺度问题和运行速度慢的问题。

(1)SURF 算法原理

首先对待配准图片中相同的物体进行特征点的检测，将图片在不同尺度空间上的所有特征点查找出来，再对每个特征点的方向进行确定，将检测出的特征点进行描述生成描述子，这个描述子包括特征点的方向和描述向量。然后建立变换矩阵，将待拼接的图像进行矩阵变换，最后根据特征点的描述符将图像进行配准。

(2)SURF 算法步骤

关于 SURF 算法的图像配准，主要可以分成两个部分：第一部分是特征点的检测，第二部分是特征点的匹配。

1)构建 Hessian 矩阵

为了生成稳定的边缘点，需要先构建 Hessian 矩阵行列式，然后将行列式进行化简，并根据行列式的大小判断该点是否是特征点。如果行列式的取值是正数，则这个点为候选点，否则就不是候选点。

2)尺度空间的建立

对于 SURF 算法,无论图片是否是同组或是同层的,图片的大小都是不变的。对于不同组的图片,可以通过不同模板尺寸的盒式滤波器模板进行模糊得到,对于同一组的不同层的图片,可以通过相同模板尺寸但是模糊系数慢慢变大的滤波器得到。

3)特征点定位

提取出候选特征点后,SURF 算法需要在候选特征点中确定关键点,因此先将候选点与设定的阈值进行比较,如果大于 $H$,则再将该点与同一层面和上、下相邻层面的邻域内的 26 个点进行比较,若比其他点都大,则可以判断该点为关键点。

4)特征点主方向分配

由于图像可能具有旋转问题,因此进行图像配准时使用的算法需要具有旋转不变性的特征,为此 SURF 算法使用了 Harr 小波对特征点主方向进行计算。

5)生成特征点描述子

将以关键点为中心的邻域划分为 16 个区域,将每个区域内的 25 个像素点 的水平和垂直方向 Harr 小波值的和,以及它们的绝对值之和进行统计。所以每个正方形需要计算的数值是 64 维,即 SURF 算法中每个关键点的描述子为 64 维。

(3)SURF 算法的优缺点

相较于 SIFT 算法,SURF 算法在旋转和尺度方面具有很好的鲁棒性;此外,在运算维度方面进行了优化,使运行速度有很大的提升。

SURF 算法虽然相较于 SIFT 算法运算维度降低了很多,可是仍然较为复杂,实时性不好。

## 6.4 图像变换

由于图像间坐标的变换会造成图像发生不同形式的形变,为了使拼接后的效果图不发生扭曲,需要用变换模型将扭曲的图像进行坐标变换。

### 6.4.1 几何变换模型

常用到的几何变换模型有刚体变换、仿射变换和透视变换 3 种模型,其形体见图 6.8。

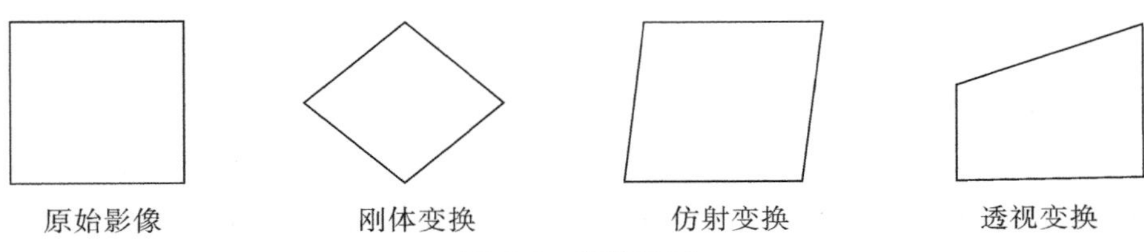


**图 6.8 变换模型**

针对这 3 种变换模式，可以使用式(6.52)中的矩阵对变换模式进行描述。

$$\begin{bmatrix} x' \\ y' \\ 1 \end{bmatrix} = \begin{bmatrix} m_0 & m_1 & m_2 \\ m_3 & m_4 & m_5 \\ m_6 & m_7 & 1 \end{bmatrix} \begin{bmatrix} x \\ y \\ 1 \end{bmatrix} \tag{6.52}$$

式中的 7 个变换参数作用见表 6.1。

**表 6.1　　变换参数作用**

| 参数 | 作用 |
| --- | --- |
| $m_2$ | 在水平方向变换的位移 |
| $m_5$ | 在垂直方向变化的位移 |
| $m_0$、$m_1$、$m_3$、$m_4$ | 尺度以及旋转的变化量 |
| $m_6$、$m_7$ | 在水平与垂直方向的变化量 |

由表 6.1 可知，矩阵中的 7 个参数代表的作用不一样，但是并不是每一种变换都需要这 7 个参数的参与。因为各种形态变换的方式不一样，所以改变的参数也不一样。

#### 6.4.1.1　刚体变换

若图像在水平和垂直方向上都没有形状的变化，则称该变换为刚体变换。由于刚体变换在水平和垂直方向上都没有形变，因此在水平和垂直的方向上的参数是零，只需要计算其他方向的参数。刚体变换的变换矩阵见式(6.53)。

$$\boldsymbol{M} = \begin{bmatrix} \cos\theta & -\sin\theta & m_2 \\ \sin\theta & \cos\theta & m_5 \\ 0 & 0 & 1 \end{bmatrix} \tag{6.53}$$

式中，$\theta$ ——图像的旋转角度；

$[m_2, m_5]^{\mathrm{T}}$ ——图像变换的平移距离。

由上式可知，在平面空间中，若将坐标为 $(x, y)$ 的点经过刚体变换转换为坐标 $(x', y')$ 的点，转换公式满足式(6.54)。

$$\begin{bmatrix} x' \\ y' \end{bmatrix} = \begin{bmatrix} \cos\theta & \sin\theta \\ -\sin\theta & \cos\theta \end{bmatrix} \begin{bmatrix} x \\ y \end{bmatrix} + \begin{bmatrix} m_2 \\ m_5 \end{bmatrix} \tag{6.54}$$

式中，$\theta$ ——图像的旋转角度；

$[m_2, m_5]^{\mathrm{T}}$ ——图像变换的平移距离；

$[x', y']^{\mathrm{T}}$ ——基准图像的像素点的坐标；

$[x, y]^{\mathrm{T}}$ ——待拼接图像的像素点坐标。

#### 6.4.1.2 仿射变换

假如图像中的直线经过特定的变换之后，仍然是直线的形状，并且原图像中两条平行的直线，经过转换之后仍是平行的，则这种特定的变换就是仿射变换。仿射变换的变换矩阵见式(6.55)。

$$\boldsymbol{M}=\begin{bmatrix} m_0 & m_1 & m_2 \\ m_3 & m_4 & m_5 \\ 0 & 0 & 1 \end{bmatrix} \tag{6.55}$$

由式(6.55)可知，在平面空间中，若将坐标为$(x,y)$的点经过仿射变换转换为坐标为$(x',y')$的点，则满足式(6.56)。

$$\begin{bmatrix} x' \\ y' \end{bmatrix}=\begin{bmatrix} m_0 & m_1 \\ m_3 & m_4 \end{bmatrix}\begin{bmatrix} x \\ y \end{bmatrix}+\begin{bmatrix} m_2 \\ m_5 \end{bmatrix} \tag{6.56}$$

式中，$[x',y']^{\mathrm{T}}$——基准图像的像素点的坐标；

$[x,y]^{\mathrm{T}}$——与基准图像的像素点相对应的待拼接图像的像素点的坐标。

#### 6.4.1.3 透视变换

假如图像中的直线经过特定的变换之后，仍然是直线的形状，但是原图像中两条平行的直线，经过转换之后已经不能继续保持平行的状态了，则这种特定的变换就是透视变换。透视变换的变换矩阵见式(6.57)。

$$\boldsymbol{M}=\begin{bmatrix} m_0 & m_1 & m_2 \\ m_3 & m_4 & m_5 \\ m_6 & m_7 & 1 \end{bmatrix} \tag{6.57}$$

由式(6.57)可知，在平面空间中，若将坐标为$(x,y)$的点经过仿射变换转换为坐标为$(x',y')$的点，则转换公式满足式(6.58)。

$$\begin{bmatrix} x' \\ y' \\ 1 \end{bmatrix}=\begin{bmatrix} m_0 & m_1 & m_2 \\ m_3 & m_4 & m_5 \\ m_6 & m_7 & 1 \end{bmatrix}\begin{bmatrix} x \\ y \\ 1 \end{bmatrix} \tag{6.58}$$

式中，$[x',y']^{\mathrm{T}}$——基准图像的像素点的坐标；

$[x,y]^{\mathrm{T}}$——与基准图像的像素点相对应的待拼接图像的像素点的坐标。

### 6.4.2 图像投影

为了拼接出更好的效果并且带给使用者更好的立体感，需要使用一定的投影模型。全景图像投影模型主要有 3 种，分别是立方体投影、球面投影和柱面投影。

#### 6.4.2.1 立方体投影

立方体投影是最基本的全景图像投影方式，立方体的 6 个面代表空间中的 6 个方向，每个方向的视角是 90°。其中心点就是拍摄时的拍摄点，为了使正方体可以展现出 360°的多方位视角效果，需要在图像采集时保证进行相邻图像拍摄的相机主光轴是互相垂直的。由于正方体的每一个面的视角都是 90°，因此对拍摄器材有很高的要求，一般情况下要求拍摄器材是广角摄像头。

#### 6.4.2.2 球面投影

球面投影主要是将图像映射到球面上并将其经纬度的参数算出，最终实现全景图像的效果，投影原理见图 6.9。

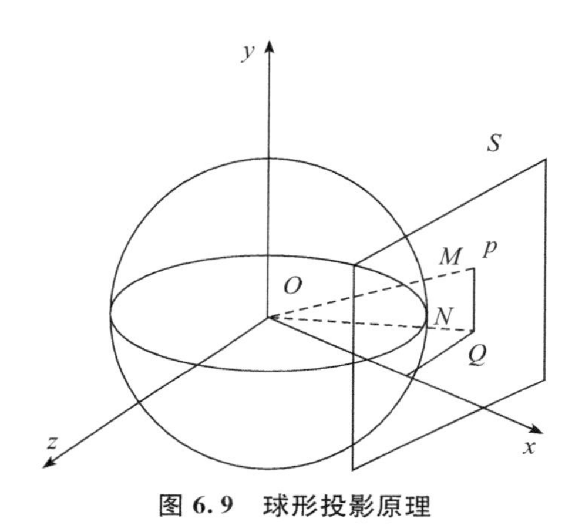


图 6.9 球形投影原理

图 6.9 中 $S$ 代表需要投影的图像，点 $P$ 和 $O$ 都是图像上的点，点 $M$ 和 $N$ 为点 $P$ 和 $O$ 投影到球面上的相对应的点。

#### 6.4.2.3 柱面投影

柱面投影需要保证拍摄点的固定，将水平方向相邻并且有重合区域的图像进行柱形变换最终实现柱面全景图，柱面投影原理见图 6.10。

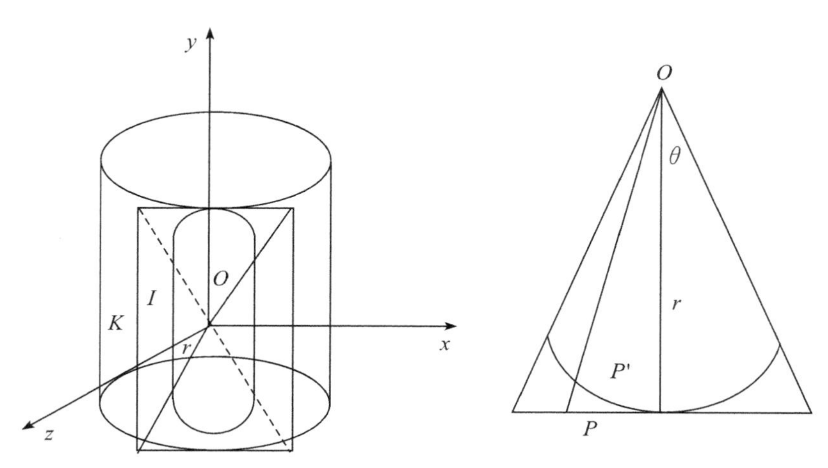


图 6.10 柱形投影原理

图 6.10 中，$I$ 代表需要进行投影的图像，$P$ 代表在图像 $I$ 中任取的一点，像素点坐标为$(x,y)$，$K$ 代表投影后的平面坐标位置，$r$ 代表待投影图像的焦距，$\theta$ 代表图像所占的角度，$W$ 和 $H$ 分别代表待投影图像的宽度和高度。由此可以得到柱面投影的变换公式，见式(6.59)。

$$\begin{cases} x' = r\sin\dfrac{\theta}{2} + r\sin\left(\arctan\left(\dfrac{x - W/2}{r}\right)\right) \\ y' = \dfrac{H}{2} + \dfrac{r(y - H/2)}{\sqrt{r^2 + (W/2 - x)^2}} \end{cases} \tag{6.59}$$

这 3 种投影方式中分别针对不同的图像采集方式，因此各有利弊。立方体投影对于图像采集设备要求高，并且投影后的成像效果中边缘痕迹明显。球面投影虽然成像效果很好，可是投影过程较为复杂。柱面投影是现阶段较为常用的一种投影方式，不仅投影方式比较简单，而且成像效果也很真实。

### 6.4.3 图像插值

经过投影变换得到的新坐标值在一般情况下都是浮点型的数据，变换后像素点需要用图像插值的方法来指定它的灰度值。一般图像内插中点的映射方式包括前向映射和后向映射两种。

前向映射是将像素点由输入图像映射到输出图像；后向映射与前向映射的过程正好相反，是将像素点由输出图像映射到输入图像。由于映射后的图像可能会超过原始图像的边界，如果使用前向映射的话，计算量就会大大增加。一般选用后向映射的方式来进行图像的插值，常用的图像插值方法有最近邻域插值法、双线性内插法、三次内插法等。

#### 6.4.3.1 最近邻域插值法

最近邻域插值法是最简单的一种插值方法。它不需要计算，只需在待求像素的四邻像素中，将距离待求像素最近的邻像素灰度赋给待求像素。$(i+u,j+v)$ 为待求像素坐标，其中 $i,j$ 为正整数，$u,v$ 为大于零小于 1 的小数，那么待求像素灰度的值 $f(i+u,j+v)$ 见图 6.11。

如果 $(i+u,j+v)$ 落在 $A$ 区，即 $u<0.5,v<0.5$，则将左上角像素的灰度值赋给待求像素，同理，落在 $B$ 区则赋予右上角的像素灰度值，落在 $C$ 区则赋予左下角像素的灰度值，落在 $D$ 区则赋予右下角像素的灰度值。

最近邻域插值法计算量较小，但可能会造成插值生成的图像灰度上的不连续，在灰度变化的地方可能出现明显的锯齿状。

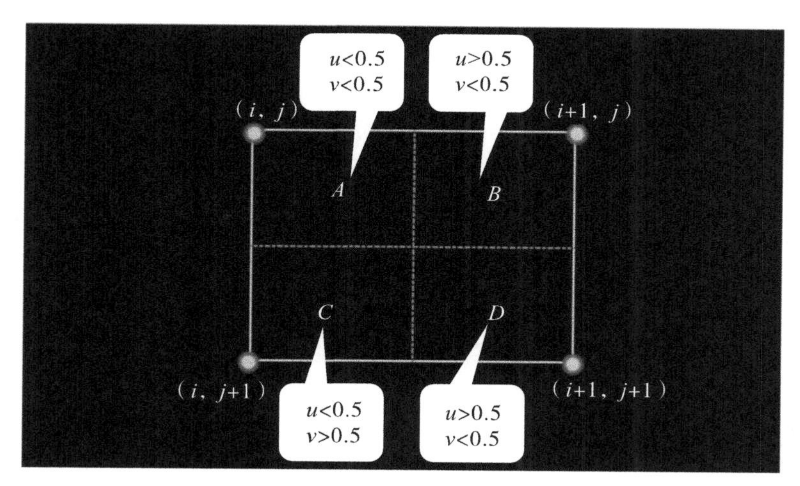


**图 6.11 最近邻域插值法**

### 6.4.3.2 双线性内插法

双线性内插法是利用待求像素 4 个邻像素的灰度在 2 个方向上作线性内插，见图 6.12。

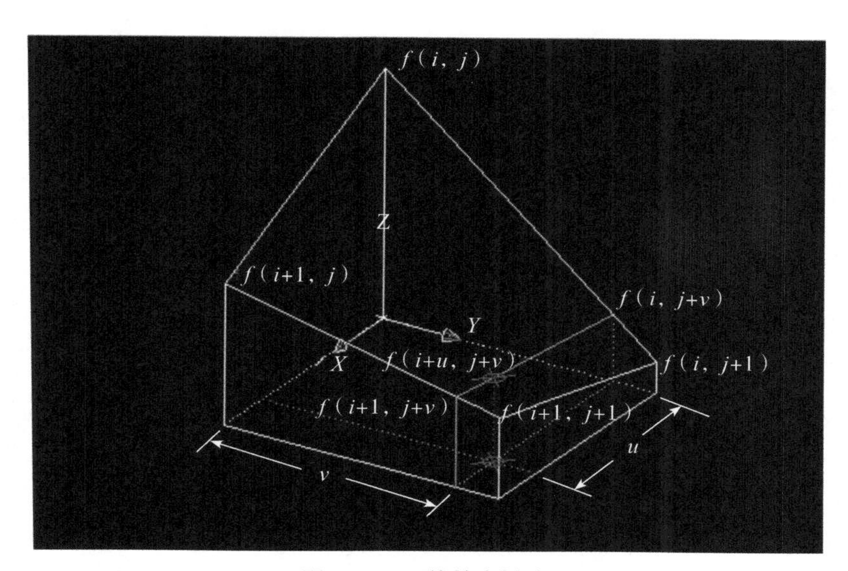


**图 6.12 双线性内插法**

对于 $(i,j+v)$，$f(i,j)$ 到 $f(i,j+1)$ 的灰度变化为线性关系，待求像素灰度的值 $f(i,j+v)$ 见式(6.60)。

$$f(i,j+v)=[f(i,j+1)-f(i,j)]\times v+f(i,j) \tag{6.60}$$

同理对于像素灰度值 $f(i+1,j+v)$计算值见式(6.61)。

$$f(i+1,j+v)=[f(i+1,j+1)-f(i+1,j)]\times v+f(i+1,j) \tag{6.61}$$

从 $f(i,j+v)$ 到 $f(i+1,j+v)$ 的灰度变化也为线性关系，由此可推导出待求像素灰度的计算式见式(6.62)。

$$f(i+u,j+v)=(1-u)\times(1-v)\times f(i,j)+(1-u)\times v\times f(i,j+1)+u\times(1-v)\times f(i+1,j)+u\times v\times f(i+1,j+1) \tag{6.62}$$

双线性内插法的计算比最近邻域插值法复杂，计算量较大，但没有灰度不连续的缺点，结果基本令人满意。它具有低通滤波性质，使高频分量受损，图像轮廓可能会有一点模糊。

#### 6.4.3.3 三次内插法

三次内插法是利用三次多项式 $S(x)$ 求逼近理论上最佳插值函数 $\sin x/x$，其数学表达式见式(6.63)。

$$S(x)=\begin{cases}1-2|x|^2+|x|^3 & (0\leqslant|x|<1)\\ 4-8|x|+5|x|^2-|x|^3 & (1\leqslant|x|<2)\\ 0 & (|x|\geqslant 2)\end{cases} \tag{6.63}$$

待求像素 $(x,y)$ 的灰度值由其周围 16 个灰度值加权内插得到(图 6.13)。

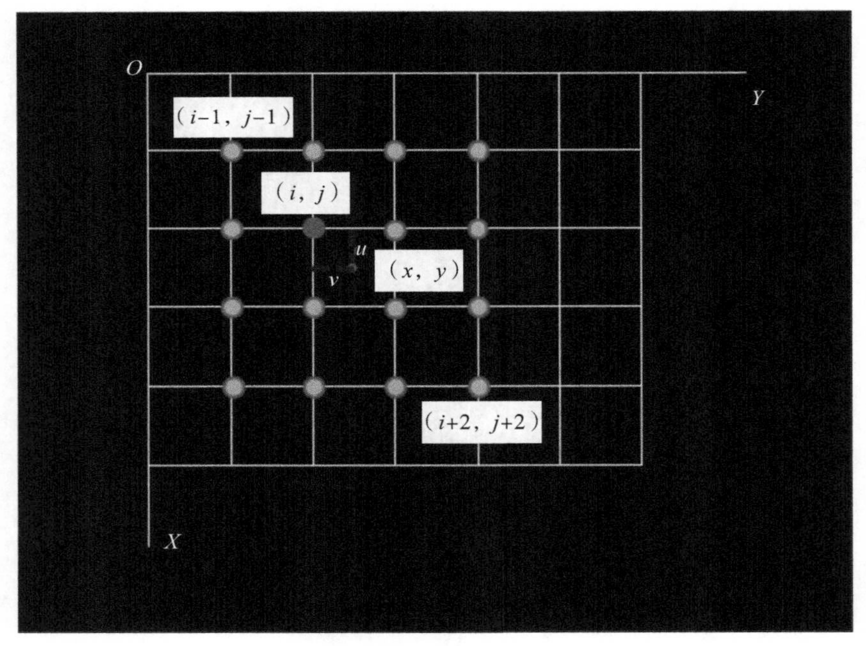


图 6.13 三次内插法

待求像素的灰度计算式见式(6.64)。

$$f(x,y)=f(i+u,j+v)=\boldsymbol{ABC} \tag{6.64}$$

其中

$$A=\begin{bmatrix}S(1+v)\\S(v)\\S(1-v)\\S(2-v)\end{bmatrix}^{\mathrm{T}}$$

$$B=\begin{bmatrix}f(i-1,j-1) & f(i-1,j) & f(i-1,j+1) & f(i-1,j+2)\\f(i,j-1) & f(i,j) & f(i,j+1) & f(i,j+2)\\f(i+1,j-1) & f(i+1,j) & f(i+1,j+1) & f(i+1,j+2)\\f(i+2,j-1) & f(i+2,j) & f(i+2,j+2) & f(i+2,j+2)\end{bmatrix}$$

$$C=\begin{bmatrix}S(1+u)\\S(u)\\S(1-u)\\S(2-u)\end{bmatrix}$$

三次内插法计算量较大，但插值后的图像效果最好。

## 6.5　图像融合

经过图像配准和图像变换后的图像组在拼接处不可避免地存在缝隙，需要使用图像融合操作消除缝隙。图像融合是将每一幅图像中有利的信息进行强化，如果图像中的某些像素有缺失或重复等问题，则进行修复。因此，经过图像融合处理过的图片能够将所有原图像包含的有利信息全部保存，并且将原图像中不需要的信息因素进行删除。

### 6.5.1　图像融合结构

实际的融合过程可以根据信息流的不同形式分为不同的等级。目前，普遍接受的分层方式是将融合的过程大致分为像素级融合、特征级融合和决策级融合 3 种。图像融合过程的 3 层结构见图 6.14。

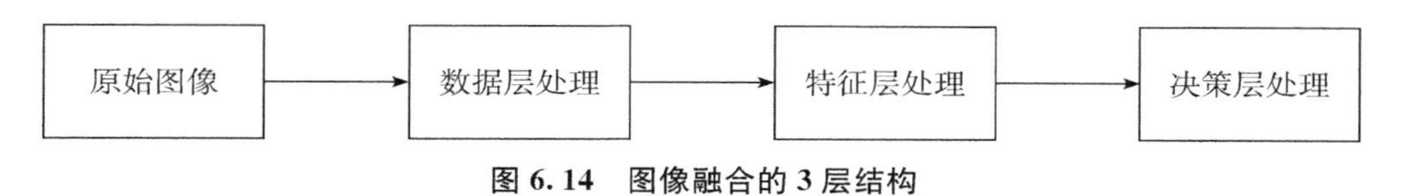


图 6.14　图像融合的 3 层结构

数据层处理也就是像素级融合，是图像融合的最底层融合方式，它将不同的物理参数进行融合。在得到的融合图像中，每一个像素都是由几个原图像所对应的区域经过计算而得到。特征级融合是在各个输入图像抽出的特征基础上，对这些特征进行融合。这些特征可以是形状、大小、纹理、对比度等。在这些抽取的特征上进行融

合，使得这些有用的特征能够更好地体现出来。决策级融合是对图像信息的更高等级的抽象，此时输入的图像已经是信息抽取得到的特征和分类，融合处理得到一个代表性符号或者对应决策。对于各个适应等级的选择取决于实际中不同的因素，比如图像源。同时，选择不同的级别处理与图像预处理得到的结果也有关。

#### 6.5.1.1 像素级融合

像素级融合是数据融合最基本的、最直接的融合方式。其他融合方式需要在融合前进行特征的提取，可是该方式可以不通过其他操作直接针对传感器收集的图像进行融合处理。并且与其他融合方式相比，在像素层次上直接进行融合能使融合的准确性更高。因为在该层次上进行融合可以避免特征提取等处理方式遗漏图像的部分细节，所以在像素层次上进行融合能够获得更多有关图像的细节信息，更方便地对图像进行分析并且能够尽量地保存有利的信息。可是，因为该方式是针对图像的像素进行处理，所以如果待融合的图像信息量比较大，就会导致对像素进行融合处理时消耗的时间过长，从而延长图像拼接的速度，使拼接不具有实时性。为了弥补这个缺陷，需要在进行像素级的图像融合处理之前，完成矫正和关联。像素级图像融合的具体步骤和原理见图 6.15。

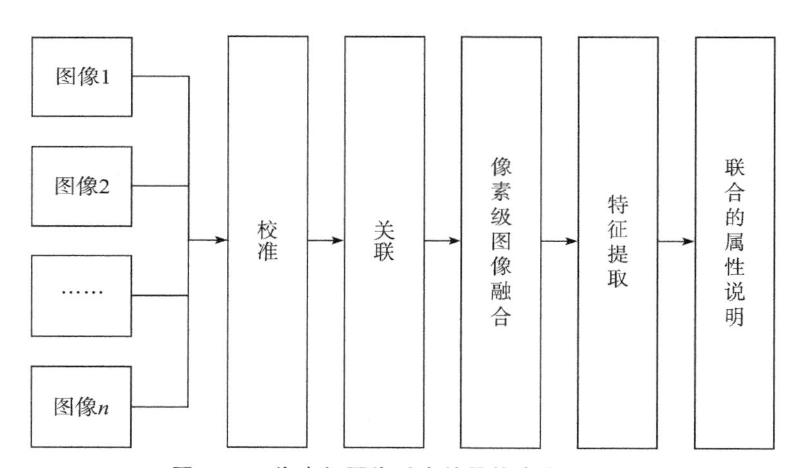


图 6.15 像素级图像融合的具体步骤和原理

#### 6.5.1.2 特征级融合

特征级融合是比像素级融合高一层次的融合方式，不能直接对传感器获取的图像进行融合处理。特征级融合首先需要对不同图像中的特征信息进行提取，然后针对提取到的特征进行分析和处理，最终得到有用的图像特征。特征级融合虽然相对于像素级融合会丢失一部分的图像细节，可是该方式不仅对有利的信息进行了保存，而且在图像信息较大的情况下可以将信息进行压缩，有利于减少内存的消耗，提高图像处理的速度，从而有助于提高图像拼接的实时性。特征级图像融合的基本步骤和原理见图 6.16。

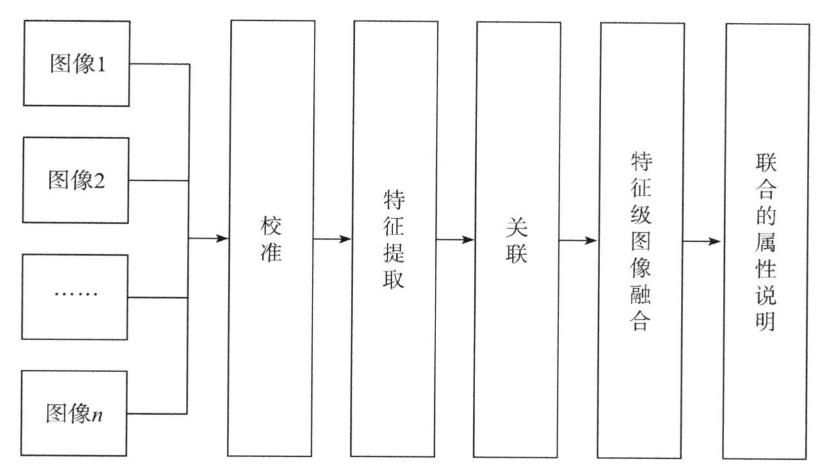


**图 6.16 特征级图像融合的基本步骤和原理**

#### 6.5.1.3 决策级融合

决策级融合是比像素级融合和特征级融合更高层次的融合方式，属于以认知为基础的融合方式。决策级融合需要以特征级融合为基础，首先提取图像中的特征，然后将获取的有用特征进行分类处理，根据相对应的准则以及每个准则的概率进行决策，最终得到全局最优决策。由于不需要直接针对像素进行处理，所以决策级融合计算量很小，能够保证图像拼接的实时性。但是由于该方式属于认知融合，因此抽象等级很高。此外，由于在进行决策前需要根据图像的特征得出概率，对于特征级融合的依赖性很强，而且针对认知模型的建立也很困难，因此决策级融合的使用比较困难，现阶段对于这种方式的使用用例也比较少。决策级图像融合的具体步骤和原理见图 6.17。

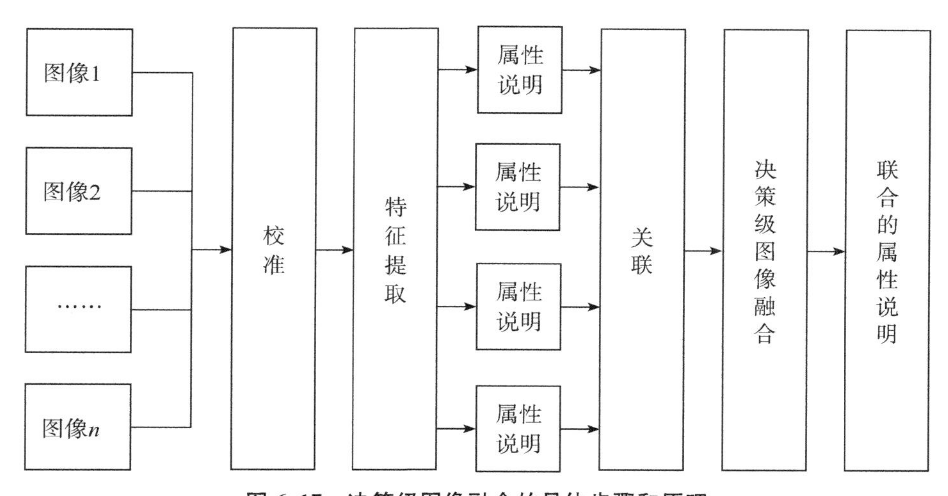


**图 6.17 决策级图像融合的具体步骤和原理**

### 6.5.2 图像融合方法

在全景图的制作过程中，图像融合技术主要在重叠区域解决两类问题：①消除拼接痕迹；②消除运动物体或者投影变换等几何变换误差形成的重影（鬼影）。常用方法有直接平均法、加权平均法、渐入渐出融合法、中值滤波法、多分辨率样条法、最佳缝合线算法、泊松图像融合等。

#### 6.5.2.1 直接平均法

直接平均法是将两幅图像重叠域像素直接进行相加取均值的融合算法。原理见式(6.65)。

$$f(x,y)=\begin{cases} f_1(x,y) & ((x,y)\in f_1) \\ \dfrac{[f_1(x,y)+f_2(x,y)]}{2} & ((x,y)\in f_1\cap f_2) \\ f_2(x,y) & ((x,y)\in f_2) \end{cases} \tag{6.65}$$

式中，$f(x,y)$——融合后图像；

$f_1(x,y)$、$f_2(x,y)$——相邻的两幅拼接图像。

该算法具有简单快速的优点，但是融合后图像过渡不平滑，具有带状痕迹。

#### 6.5.2.2 加权平均法

加权平均法基于直接平均法，引入了加权因子 $\omega_1$ 和 $\omega_2$，原理见式(6.66)。

$$f(x,y)=\begin{cases} f_1(x,y) & ((x,y)\in f_1) \\ \dfrac{[\omega_1 f_1(x,y)+\omega_2 f_2(x,y)]}{2} & ((x,y)\in f_1\cap f_2) \\ f_2(x,y) & ((x,y)\in f_2) \end{cases} \tag{6.66}$$

式中，$f(x,y)$——融合后图像；

$f_1(x,y)$、$f_2(x,y)$——相邻的两幅拼接图像；

$\omega_1$、$\omega_2$——加权因子，$\omega_1+\omega_2=1$，$0<\omega_1<1$，$0<\omega_2<1$。

引入加权因子后，适当调整该值能够使图像过渡更平滑自然，是目前比较常用的一种算法。

#### 6.5.2.3 渐入渐出融合法

设图像重叠区域宽度为 $L$，$x_{max}$、$x_{min}$ 分别对应 $x$ 轴上的最大值和最小值。则渐变系数 $d$ 可由式(6.67)求解。

$$d=\frac{x_{max}-x}{x_{max}-x_{min}} \tag{6.67}$$

若 $f_1(x,y)$、$f_2(x,y)$ 分别表示图 $A$ 和图 $B$ 在重叠域的像素值，则 $f(x,y)$ 为

融合后图像像素值可由式(6.68)求解。

$$f(x,y)=d\times f_1(x,y)+(1-d)\times f_2(x,y) \tag{6.68}$$

沿着 $x$ 轴,$d$ 值从开始为1慢慢过渡为0时,叠域从属于图像 $A$ 缓缓变化到属于图像 $B$,渐入渐出融合法算法简单直观,效果明显,融合后图像平滑性较好。

#### 6.5.2.4 中值滤波法

中值滤波法和其他融合算法不太一样,该算法基于滤波器,主要围绕消除重叠域过渡时像素突变问题展开。该算法基于一个3×3的模板,用中心点像素值与周边8个像素均值进行比较。当比较结果大于某个特定阈值时,用相邻8个像素值的平均值代替中心像素的值;当比较结果小于某个特定阈值时,保持中心像素点值不变,以此来过滤掉某一个像素点值的突变,保证整幅图像的平滑。中值滤波法具有画面整体平滑、可去除拼接缝的优点,同时对于光照强度和图像明暗度的一致性保持也十分有效。但该算法本质是基于平均的思想,像素值平均就会导致高频部分丢失,图像的锐化程度降低,图像会出现模糊现象,影响主观质量。

#### 6.5.2.5 多分辨率样条法

多分辨率样条法又称为金字塔融合法(Pyramid Fusion Method,PFM),主要是利用拉普拉斯金字塔进行计算。首先将基准图像和待拼接图像进行分解,根据频率组成金字塔。然后按照金字塔内的不同层进行计算,即按照图像分解的不同频率,使用不同的融合参数进行加权平均融合,从而得到初步的金字塔。其中,在不同频率中使用的参数主要是由基准图像和待拼接图像在同一金字塔层中的差异决定的。最后将上一步得到的金字塔再一次进行图像重构,得到最终融合后的图像。

使用这种方法可以使具有不同强度的图像平滑地进行过渡,还可以在一定程度上提高图像融合的质量。但是该方法需要对所有频率子图像重合部分的边界进行加权平均,计算量会非常大,导致算法的效率大大降低。

#### 6.5.2.6 最佳缝合线算法

全景图像融合时,如果图像序列中有运动的物体,可能会产生鬼影现象。为了消除鬼影,最好的方法是从一幅图像中整块取值,如果块的大小合适,将会消除鬼影现象。最佳缝合线算法就是将拼接的图像的融合部分分为两部分,分别从两幅待拼接的图像中整块取值,从而达到图像融合的目的。可采用动态规划方法寻找最佳缝合线的算法。它的基本方法是寻找重叠区域内像素差最小的点,然后连接各个点得到一条线,这条线叫作最佳缝合线。最佳缝合线算法能够较好地消除鬼影、重影问题,但是当缝合线通过运动物体或配准误差较大的区域时,物体会不完整,且会产生图像畸变,影响融合质量。

#### 6.5.2.7 泊松图像融合

泊松图像融合最初用于场景融合，由于在保留原图像梯度信息的前提下，能够较好地消除拼接痕迹，最近成为图像融合领域的研究热点。泊松融合的核心是利用指导场进行模插值处理，重构出区域内的像素值，从而实现场景之间的无缝融合。泊松图像融合能够有效地消除拼缝问题，且过渡自然，但是算法复杂度高，耗时较长。

## 6.6 街景影像处理子系统设计

### 6.6.1 街景影像处理子系统的逻辑结构

街景影像处理子系统按逻辑分为两个层次，即数据层和数据处理层（图 6.18）。

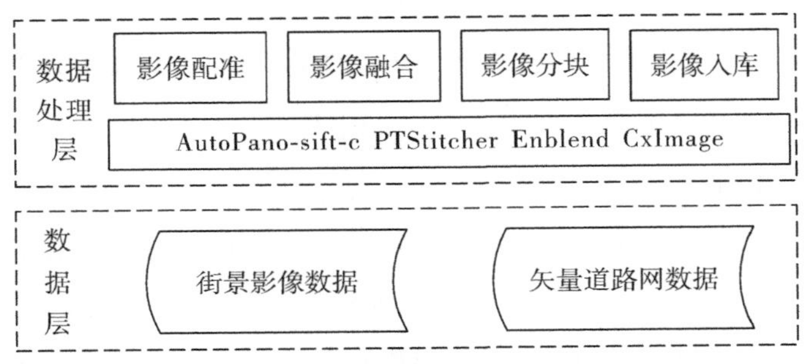


**图 6.18 街景影像处理子系统逻辑结构**

（1）数据层

数据是进行街景影像处理的基础。该子系统包含的数据有街景影像数据和矢量道路网数据。街景影像数据可以采用多种方式进行采集；矢量道路网数据，主要用于在采集影像数据的同时，记录街景影像点的经纬度。

（2）数据处理层

数据处理是该子系统的核心，包含影像配准、影像融合、影像分块和影像入库。该层是建立在 AutoPano-sift-c、PTStitcher、Enblend、CxImage 等开源库的基础上进行开发，处理的最终结果是生成街景影像数据库。

### 6.6.2 街景影像配准模块

该模块采用的是基于特征的图像配准算法——尺度不变特征变换（SIFT）。该算法由 David Lowe 在 1999 年提出，2004 年完善总结，后来 Y. Ke 将其描述子部分用 PCAd 代替直方图的方式，对其进行改进。SIFT 算法是一种提取局部特征的算法，在尺度空间寻找机制点，提取位置、尺度、旋转不变量。

提取基于 SIFT 算子特征配准的过程分为 4 个步骤，即求解尺度空间极值点、定位特征点、计算特征点方向和确定特征点描述子(图 6.19)。

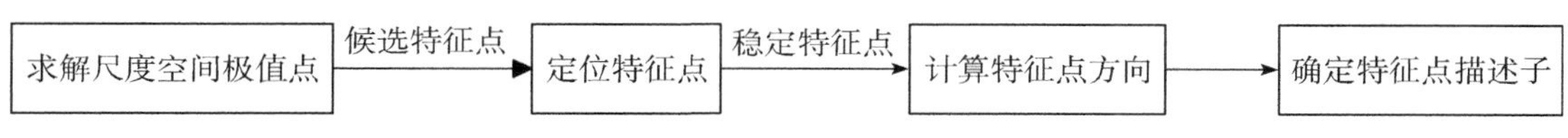


**图 6.19　SIFT 特征点提取过程**

(1)求解尺度空间极值点

尺度空间理论最早出现于计算机视觉领域，当时其目的是模拟图像数据的多尺度特征。Koendetink 证明高斯卷积核是实现尺度变换的唯一变换核，而 Lindeberg 等则进一步证明高斯核是唯一的线性核。

二维高斯函数定义见式(6.69)。

$$G(x,y,\sigma)=\frac{1}{2\pi\sigma^2}e^{-(x^2+y^2)/2\sigma^2} \tag{6.69}$$

式中，$\sigma$ ——尺度因子，选择合适的尺度因子是建立尺度空间的关键。

具体步骤如下。

1)建立金字塔底层

图像预处理，首先对图像进行归一化处理，用高斯函数对图像进行卷积，消除图像噪声；以 0.5 的采样距离对原图像采样，扩大图像为原来的 2 倍，期望得到更多的特征点。

2)建立高斯金字塔

以不同的采样距离对图像采样形成图像金字塔的分层结构，定义尺度空间函数 $L(x,y,\sigma)$，用不同尺度因子 $\sigma$ 的高斯核 $G(x,y,\sigma)$ 对各层输入图像 $I(x,y)$ 进行卷积操作，见式(6.70)。

$$L(x,y,\sigma)=G(x,y,\sigma)\times I(x,y) \tag{6.70}$$

3)建立 DOG(Difference of Gaussian)金字塔

DOG 即相邻两尺度空间函数之差，用 $D(x,y,\sigma)$ 来表示，见式(6.71)。

$$D(x,y,\sigma)=[G(x,y,k\sigma)-G(x,y,\sigma)]*I(x,y)=L(x,y,k\sigma)-L(x,y,\sigma) \tag{6.71}$$

式中，$k$——用来划分不同尺度层的一个常量因子，DOG 金字塔通过高斯金字塔中相邻尺度空间函数相减。

4)DOG 空间的极值检测

在上面建立的 DOG 金字塔中，为了检测到 DOG 空间的最大值和最小值，DOG 尺度空间中中间层的每个像素点需要跟同一层的相邻 8 个像素点以及它上一层和下一层的 9 个相邻像素点总共 26 个相邻像素点进行比较。若某像素比相邻 26 个像素的 DOG 值都大或都小,则该点是一个局部极值点(一个候选特征点),保存好它的位置和对应尺度。

(2)定位特征点

由于 DOG 算子会产生较强的边缘响应,因此,通过上面步骤得到的候选特征点需滤除一些不稳定点,确定稳定特征点的位置、尺度、曲率等信息。不稳定点主要是指候选特征点中低对比度(对噪声敏感)或位于边缘的特征点。通过这一步,可以实现精确定位特征点,增强匹配稳定性,提高抗噪声的能力。由以下两个步骤可以提取一些明显的不稳定点,精确定位特征点。

①在特征点处计算 $D(\hat{X})=D+\frac{1}{2}\times\frac{\partial D^{\mathrm{T}}}{\partial x}\hat{X}$ ,如果小于一给定的阈值,那么将此特征点删除。

②计算主曲率 $\boldsymbol{H}=\begin{bmatrix}D_{xx} & D_{xy}\\ D_{xy} & D_{yy}\end{bmatrix}$ ,当满足 $\frac{\mathrm{Tr}(\boldsymbol{H})^2}{\mathrm{Det}(\boldsymbol{H})}<\frac{(r+1)^2}{r}$ 时,此特征点保留。

(3)计算特征点方向

利用特征点领域像素的梯度方向分布特征为每个特征点赋予一个方向,使算子具备旋转不变性。

对每幅图像 $L(x,y)$ ,$L$ 为每个特征点各自所在的尺度,其梯度值 $m(x,y)$ 和方向 $\theta(x,y)$ 可以通过像素点的差值预先得到,见式(6.72)。

$$\begin{aligned}m(x,y)&=\sqrt{[L(x+1,y)-L(x-1,y)]^2+[L(x,y+1)-L(x,y-1)]^2}\\ \theta(x,y)&=\tan^{-1}\{[L(x,y+1)-L(x,y-1)]/[L(x+1,y)-L(x-1,y)]\}\end{aligned}\tag{6.72}$$

在实际计算过程中,在以特征点为中心的邻域窗口内采样,并用梯度方向直方图统计邻域像素的梯度值。梯度方向直方图的峰值则代表了该特征点处邻域梯度的主方向,即作为该特征点的方向。若方向直方图中的其他局部峰值在主峰值 80%以内,则将这个方向指定为该特征点的辅方向。一个特征点可能会被指定具有多个方向(一个主方向,一个或多个辅方向),仅有 15%的特征点被赋予多个方向,但可以明显增强匹配的鲁棒性。

通过上面的三步,图像的特征点已检测完毕,每个特征点有 3 个信息:位置、尺度、方向。

(4)确定特征点描述子

在图像处理中,为了准确地识别和匹配不同图像中的相同特征点,需要为每个特征点建立一个描述子。这个描述子要尽可能不受各种常见变换的影响，像光线变化（例如光照强度不同、光照角度改变等情况）、视角变化（从不同角度拍摄同一物体导致图像中特征呈现不同样子）等，如此才能保证在不同条件下获取的图像中，同一特征点能被稳定地识别出来。通过对特征点周围像素的梯度值大小和方向进行采样来表示特征点。梯度值大小反映了像素灰度变化的剧烈程度，而梯度方向则体现了灰度变化的方向。这样，特征点周边的像素信息就可以用这些梯度特征来进行一定程度的概括。为了达成方向的不变性，也就是不管特征点在图像中由于旋转等原因方向如何改变，其描述子都能保持相对稳定，采取的策略是让描述子的坐标和梯度方向随着特征点方向的改变而改变。具体做法是将坐标轴旋转为特征点的方向，相当于以特征点为中心，把整个局部坐标系统按照其自身的方向进行了旋转调整。如此一来，无论图像中的特征点是正的、斜的还是其他旋转角度，在这个重新定义的坐标系统下，其描述子所体现的特征能保持相对一致，确保了旋转不变性。

SIFT 特征点提取算法提取的特征点具有很高的鲁棒性，对图像的旋转、缩放、平移以及光线、遮挡等具有不变性；用 128 维的高维度来对特征点进行描述，使得特征点描述符之间具有很大的差异性。

当两幅图像的 SIFT 特征点向量即特征描述子生成后，就可以采用特征点向量的欧式距离来作为两幅图像中特征点的相似性判定度量。取其中一幅图的某个关键点，然后找出其与另一幅图像中欧式距离最近的前两个特征点，在这两个特征点中，如果最近的距离除以次近的距离小于某个比例阈值，则可以接受这一对匹配点。

该模块借用了开源 SIFT 库 AutoPano-sift-c，该库就是基于以上描述的 4 个步骤计算出两张影像之间的对应特征点位置，并以文本的方式输出。

### 6.6.3 街景影像融合模块

建立好影像两两间的特征点映射后，接下来就要将配准后的影像拼接成一幅无缝的图像。可以将图像融合分为两个步骤：一是图像的缝合，将影像拼接到同一个坐标空间内，使之成为一幅图像；二是拼缝的消除，去除拼接缝使图像真正能融合成为一幅图像。

该模块的开发是建立在开源库 PTStitcher 和 Enblend 基础之上的。用 PTStitcher 完成两张或多张影像间的映射关系，实现简单拼接；Enblend 则可以在 PTStitcher 基础上消除两张影像间的接缝，真正实现融合。

设 $(x,y)$，$(x',y')$ 是匹配集合中两张影像上的一对匹配点，它们之间的关系可以通过式(6.73)来描述。

$$
\begin{cases}
x' = \dfrac{m_0 x + m_1 y + m_2}{m_6 x + m_7 y + 1} \\
y' = \dfrac{m_3 x + m_4 y + m_5}{m_6 x + m_7 y + 1}
\end{cases}
\tag{6.73}
$$

于是，可以建立两者之间的变换矩阵 $\boldsymbol{H}$，见式(6.74)。

$$
\boldsymbol{H} = \begin{bmatrix} m_0 & m_1 & m_2 \\ m_3 & m_4 & m_5 \\ m_6 & m_7 & 1 \end{bmatrix}
\tag{6.74}
$$

根据式(6.73)、式(6.74)，要计算出变换矩阵的 8 个未知参数 $m_0, m_1, m_2, \cdots, m_7$，因此理论上需要 4 组特征点，就可以计算出两种影像间的对应关系。

影像间消除接缝，采用 Enblend 中的多分辨率样条技术。基本思路是不同的图像特征混合过渡区应该根据空间要素所占比例确定。

(1)寻找过渡线

第一步工作是计算两张影像的过渡线。对于高频细节，过渡线应该是一条窄的遮罩带；对于低频区域，过渡线应该是一个宽的遮罩带。过渡线应该处于图像交叉部分的中间，这样，会有足够的空间让处于左边的图像色彩变淡，也有足够的空间让右边的图像色彩变淡。采用最近特征变换寻找过渡线，该算法使得过渡线尽量地远离交叉区域的边缘。

(2)创建拉普拉斯金字塔

第二步，Enblend 从黑色影像、白色影像和混合遮罩中建立了 3 个金字塔。黑色影像和白色影像转变为拉普拉斯金字塔。拉普拉斯金字塔根据空间频率进行分割影像。高层金字塔包含高频空间区域，底层金字塔包含低频空间区域，而中间层次则是空间频率从高到低过渡。

拉普拉斯金字塔被重复用于高通滤波器，高通滤波器取出图像中的所有高频空间区域，滤去低频的所有区域，这样得到的图像将包含较少的信息，所以有必要向低频区域进行重新取样。

在以下的下一个层次，滤波器都取出高频空间区域。在完成这些操作后，可以得到在各个层次所需要的数据。最高层次的拉普拉斯金字塔只包含影像中最高频的空间区域，最底层的拉普拉斯金字塔包含较少的像素，但是却代表了影像中最大、最光滑的区域。

(3)创建高斯金字塔

融合影像特征的多分辨率样条技术是按照空间频率的比例来确定过渡带的范

围。这可以通过按照层次的次序融合黑色和白色金字塔。每一个层次都包含不同的混合遮罩。在高层，采用明显的混合遮罩，这样可以使得高频细节能够融合在一个窄小的区域，在低层，采用宽的混合遮罩，这样可以使得低频细节能够融合在一个宽大的区域。

混合遮罩的构建是通过在高斯金字塔上计算过渡线模板，这个过程类似于创建拉普拉斯金字塔。代替用高频滤波器，这里采用低频滤波器，这将使过渡线区域变得模糊。这正是混合过渡区域想要的结果。

(4)混合金字塔

将金字塔混合，每一个层次上，混合对应的拉普拉斯金字塔，并结合相应的高斯金字塔，此时就能得到较好的影像融合效果。

# 第7章 兴趣点数据组织与管理

## 7.1 兴趣点组织

(1)影像兴趣点配置的方法

全景影像虽然从某种程度比较清晰地显示了街道周围的环境信息，但还是不能明确直观地表现处理比较详细具体的信息，而借用影像兴趣点能很好地表现此项功能。全景兴趣点支持查询，能更清楚地表现地理信息的详细属性。

影像兴趣点要标注到全景影像图片之上，其配置的方法与传统二维地图中点注记的配置方法类似。影像兴趣点的定位信息($x$,$y$)为其距离当前影像点图片的左端和上端的长度。采用在定位信息($x$,$y$)上绘制"＋"型，然后在右下角输出对应兴趣点名称的配准方式。

(2)影像兴趣点的组织

影像兴趣点关联于一个影像点，而影像点又关联于道路的正向图或逆向图，正向图或逆向图关联于道路 LineFID 基础。因此在存储影像兴趣点时需对应道路LineFID、道路方向性和兴趣点位置信息。在实时全景导航时，根据当前道路段和道路方向性，能快速查询到关联此影像点的影像兴趣点信息。

同一个地物或全景兴趣点可能出现在一个或多个全景影像照片中，为保证全景影像兴趣的一致性，避免兴趣点信息的冗余，以及方便后续对兴趣点信息进行增加、删除等操作，在全景影像兴趣点存储时，可以采用两个表存放信息。在一个表中，将兴趣点信息与全景数据库有机关联起来；在另一个表中，存储街景兴趣点的属性信息，两个表通过兴趣点 ID 值 POIID 关联起来。

为便于影像兴趣点信息的有效管理，采用关系数据库来存储。目前应用比较广泛的移动数据库系统有 SQLite、Berkeley DB、SQL Server Mobile 等。

SQLite 是 D. 理查德 · 希普开发的一种强有力的移动关系数据库，提供了对 ANSI SQL92 的大多数支持：支持多表、索引、事务、视图、触发和一系列的用户接口及驱动。SQLite实现了完备的、可嵌入的、零配置的SQL数据库引擎。

SQLite的版权允许无任何限制的应用，包括商业性的产品，降低了开发成本。另外，SQLite可以跨平台使用，不同平台的数据库文件不需要进行格式转换，简单易用，速度较快。因此，SQLite非常适合应用于移动应用开发中。

## 7.2　数据库设计

在传统的二维地图中，如果仅仅采集单一的颜色绘制出矢量的点、线、面，并不能给用户直观的地理位置感，因此，常常配合丰富的色彩和相应的注记加以标识。地图注记是说明制图对象的名称、种类、性质和数量等具体特征的说明文本，是地图系统中一个不可缺少的组成部分，对地图符号起着重要的补充作用。

同样，在街景导航系统中，如果仅仅绘制单一的街景图片，也不能给用户直观的地理位置感和丰富的信息量，因此，需要在街景图片上加上相应的兴趣点信息。

兴趣点信息如果存放于影像数据库中，那么在存取影像信息的同时，还需存取对应的兴趣点信息。这样既不利于模块的独立性，也不利于以后兴趣点信息的更改和扩展。因此，在设计上，不是将兴趣点数据库糅合到影像数据库中，而是将其独立出来，作为一个单独的模块进行考虑。

在移动终端环境下，对于兴趣点信息的存放，不能像PC机那样，存放于大型数据库SQL Server或Oracle中，也不能以文本或简单的二进制文件存放。这样既不利于兴趣点信息的管理，也不能满足后续的快速查询需要。综合以上因素，既要满足移动终端环境下的快速查询，也要方便兴趣点信息的管理，需要寻求移动端数据库。

SQLite是D. 理查德·希普用C语言编写的开源移动数据库引擎。它是完全独立的，不具有外部依赖性，支持多数SQL92标准，可以在所有主要的操作系统上运行，并且支持大多数计算机语言。SQLite移动数据库能较好地满足兴趣点信息的管理和查询，因此选择SQLite作为存放标注信息的嵌入式数据库。

同一个地物或兴趣点可能出现在多个街景影像照片中，为避免兴趣点信息的冗余，以及方便后续对兴趣点信息进行增加、删除等操作，在数据库中设计了两个表ImageTable、POITable，两者通过兴趣点ID值POIID关联起来。

表ImageTable将兴趣点数据库与街景影像数据库有机地关联起来，其字段信息见表7.1。

表 7.1　　表 ImageTable 字段信息

| 字段 | 描述 |
| --- | --- |
| LineFID | 兴趣点所在路段的 LineFID 值 |
| ImageDirect | 兴趣点所在路段的方向(正向或逆向) |
| ImageIndex | 兴趣点所在路段的影像点索引 |
| POIX | 兴趣点所在影像点图片的位置 X |
| POIY | 兴趣点所在影像点图片的位置 Y |
| POIID | 兴趣点 ID 值 |

在表 ImageTable 中，通过 LineFID 值可以指定兴趣点所在的路段；通过 ImageDirect 可以获知所在的路段的方向性——正向或逆向；通过 ImageIndex 可以定位到具体影像点上；通过 POIX 和 POIY 字段可以指明兴趣点信息应标注的位置。

表 7.1 描述的字段，将兴趣点数据库与街景影像数据库有机关联起来，但是在兴趣点数据库中，仅仅这些字段还是不够的，还需要其他字段来描述兴趣点信息。在实际操作过程中，发现兴趣点数据库中的兴趣点信息需要具有一个描述字段(如名称字段)，将兴趣点信息标注在街景影像之上，但是其他属性字段名称却不是唯一的，如变电站具有变压大小的指标，需要通过一个特殊的属性字段来描述，而教学楼则不需要这个属性字段。为了解决属性字段的名称不同性、数量不同性的问题，采用一个统一的字段来描述属性字段名称，用另一个统一字段来表明属性信息(表 7.2)。

表 7.2　　兴趣点名称和属性字段信息

| 字段 | 描述 |
| --- | --- |
| POIID | 兴趣点 ID 值 |
| POIName | 兴趣点名称 |
| PropertyName | 属性字段名称集合 |
| PropertyInfo | 属性信息集合 |

## 7.3　二维矢量地图与街景影像、街景兴趣点的关联

二维矢量地图与街景导航的关联，主要涉及两个方面：一方面是影像数据库与二维矢量道路网的关联；另一方面是二维导航系统与街景导航之间的通信。二维矢量地图与街景兴趣点的关联主要涉及街景兴趣点与二维矢量地图的关联。

(1)影像数据库与二维矢量道路网的关联

在建立的影像数据库中，街景影像块数据通过行列号关联于街景影像点，街景影像点通过位置信息关联于道路正向图或逆向图，而正向图和逆向图则通过方向性关

联于道路影像信息(图 7.1)。

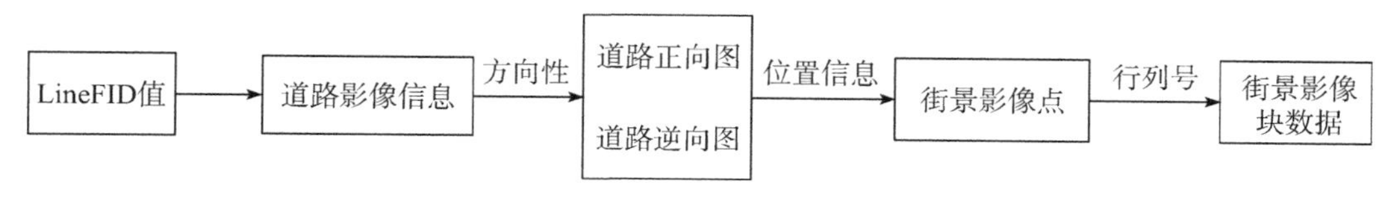


**图 7.1　关联信息图**

如果已知给定道路的 LineFID 值,得到特定的街景影像块数据有以下流程。

①在索引文件中搜索 LineFID 值,查询到对应的道路影像信息在影像数据库中的偏移量。

②获取道路影像正向图或逆向图信息,再根据当前车辆行驶的方向性,得到方向性的偏移量。

③在特定方向的影像图上,根据位置信息,则可以得到具体的街景影像点。

④街景影像点上影像分块的信息见图 7.2,图中 $(x,y)$,$x$ 表示行号,$y$ 表示列号。在影像数据库中,每一个街景影像点头文件都描述了分块的行数、列数和二进制块的偏移量,能快速而方便地获取特定行列号的街景影像块图片,为图片绘制提供了便捷。

**图 7.2　影像点分块信息**

(2)二维导航系统与街景导航系统之间的通信

街景导航是建立在二维导航和街景影像数据基础之上的。要实现实时和模拟的街景导航系统,二维导航子系统需提供实时的位置点服务,将二维实时和模拟导航过程中,GPS 点经过地图匹配所得到的位置点和所在道路的 LineFID 值实时地传输到街景导航子系统中。

在系统实现中,首先是成功地进行二维导航,然后在二维导航基础上,定时为街景导航提供 LineFID 值和位置点数据,有以下具体流程(图 7.3)。

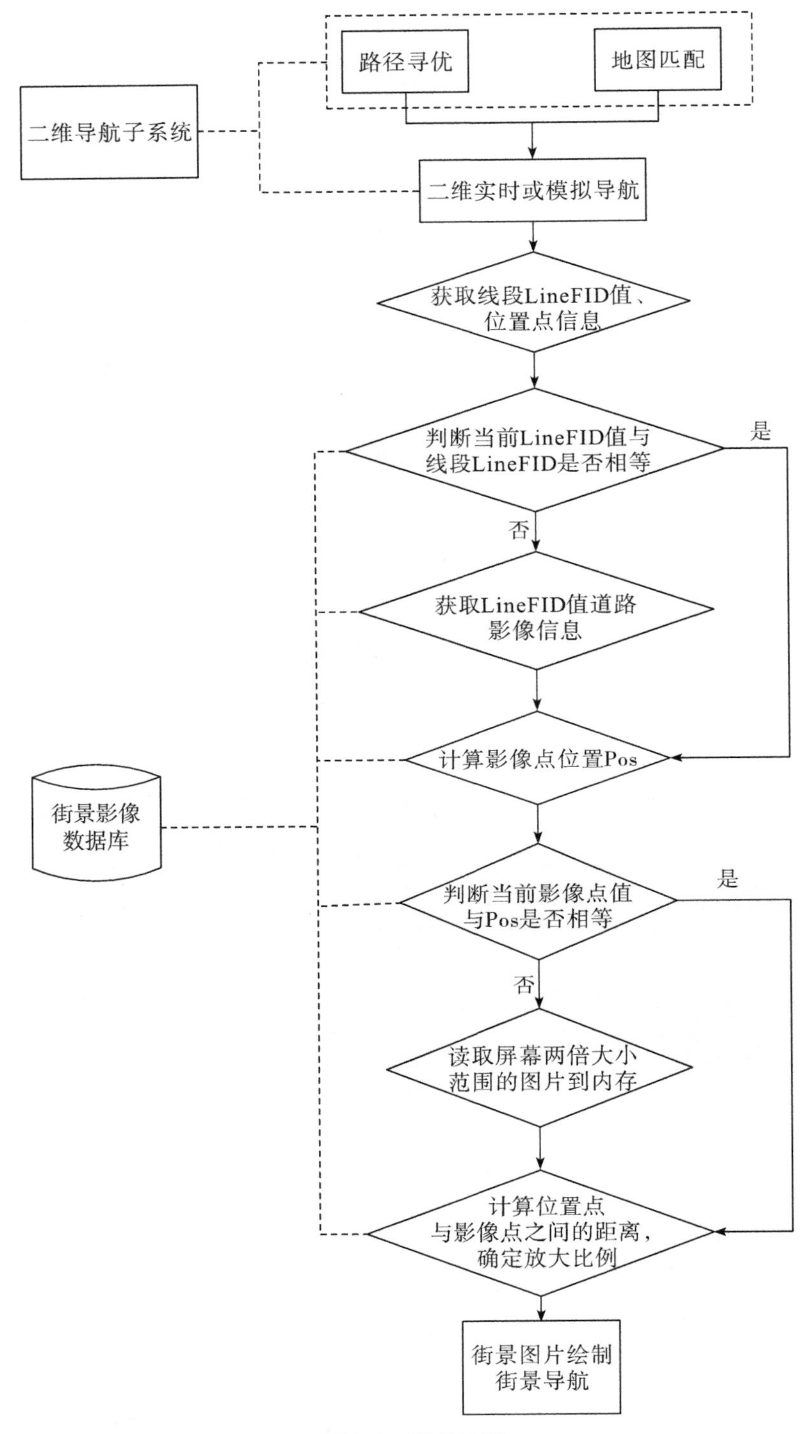


**图 7.3　通信流程**

①二维地图进行实时或模拟导航，获取位置点信息$(x,y)$和位置点所在线段的LineFID值。

②判断当前 LineFID 值与线段 LineFID 值是否相等，如不相等，则进入第③步；如相等，则转入第④步。

③获取 LineFID 值道路影像信息，并将线段 LineFID 值赋予为当前 LineFID 值。

④根据位置点信息$(x,y)$，计算出影像点位置 Pos。

⑤判断当前影像点值与 Pos 是否相等，如不相等，则进入第⑥步；如相等，则转入第⑦步。

⑥计算出嵌入式屏幕宽 Width、高 Height，读取影像点 Pos 位置处的影像分块信息，然后加载在 2.5×Width，2.5×Height 的宽高范围内的分块图片到内存之中。最后将当前影像点位置 Pos 值赋予为当前影像点值。

⑦计算位置点$(x,y)$与当前影像点之间的距离，确定当前的放大比例。

⑧在比例大小范围内绘制内存图片。

本系统采用双缓冲技术，事先将屏幕 2.5 倍大小范围的图片读入内存，在绘制时，计算当前比例和绘制在屏幕上的范围，然后将给定大小范围的内存图片贴在嵌入式屏幕上，避免了每次都取数据，加快了绘制速度。

上述流程仅仅完成了一次绘制过程。在定时时间内，二维导航子系统提供一次 LineFID 值和位置点信息，就能走完一遍上述流程，完成一次绘制。当定位时间段较小时，不停地按照不同的比例绘制图片，就能达到街景导航的效果。

(3)街景兴趣点与二维矢量地图的关联

在建立的街景兴趣点数据库中，每一个兴趣点通过 LineFID、ImageDirect 与指定方向的道路关联，通过 POIX、POIY、ImageIndex 字段与一个街景影像点关联。因此通过 LineFID、ImageDirect、ImageIndex 能搜索到在指定方向的道路上的特定影像点所关联的所有兴趣点信息。

街景兴趣点信息与二维矢量地图的关联(图 7.4)，通过二维实时导航或模拟导航，得到当前定位点所在道路 LineFID 值和道路的方向性(正向或逆向)，判断定位点所关联的影像点，再根据此影像点，在街景兴趣点数据库中，搜索与其关联的街景兴趣点信息。

街景兴趣点信息中的 POIName 字段标识了兴趣点名称信息；二维矢量层中要素的 Name 字段标识了要素的名称信息。通过这两个字段，可以关联街景兴趣点信息和二维矢量地图。

通过名称信息，可完成街景兴趣点与矢量要素的互相查询：已知街景兴趣点，获取其 POIName 字段信息，然后在二维矢量地图上根据 Name 字段搜索要素；已知二维矢量地图要素，获取其 Name 字段信息，然后在当前影像点上根据 POIName 字段进行搜索，获取街景兴趣点信息。

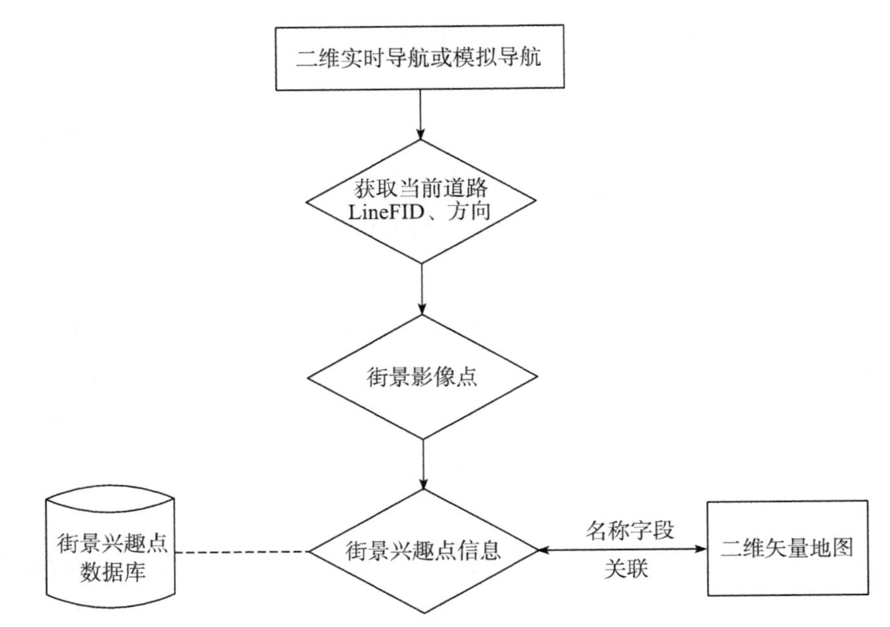


图 7.4　兴趣点与矢量地图的关联

# 第 8 章　全景数据组织与存储

已拼接好的街景图片还不能直接放入影像库进行街景导航，需要对其进行合理化的结构组织。例如，确定与道路网之间的关联信息、确定影像点的方向信息、确定影像点之间的拓扑性等。

拍摄的街景照片在道路网上形成了一个个影像点。对于一个影像点而言，它不应该是孤立存在的，需要把它们关联起来。

从空间上看，街景影像点位于某一条道路上，与道路网存在关联信息；从车辆导航的方向上看，它位于正向方向上或逆向方向上，具有方向信息；从影像点之间的前后关系上看，它位于某一经纬度上，具有一定的拓扑信息。

在二维矢量地图图层中，具有唯一表示要素的 LineFID 字段，影像点与道路网可以通过 LineFID 字段关联起来。然而在一条道路上，车辆行驶有正向和逆向两个方向，因此，在实际操作中，影像点不仅要与 LineFID 字段关联，还要与方向性关联。

(1)确定与道路网间的关联信息

在二维矢量地图的每一个图层中，要素都有唯一标识字段 LineFID。而每一个街景影像点位于其中的一条路网上。通过 LineFID 字段，能有效地把街景影像点与二维矢量道路网关联起来。

(2)确定影像点的方向信息

在矢量道路网层上，每一条道路由起始点、终止点和中间结点组成。而街景影像的采集是以道路网的拓扑单位进行的。在某条道路上，分别计算开始采集点与起始点和终止点的距离。当与起始点距离较近时，则定位此时采集的街景影像方向为正向；当与终止点距离较近时，则定位此时采集的街景影像方向为逆向。

(3)确定影像点之间的拓扑性

在采集影像数据的过程中，不仅要采集影像点数据，而且要记录其所在道路 LineFID 字段值和空间经纬度位置信息。在组织某条道路上正向或逆向影像信息时，按照采集时记录影像点的次序，依次将影像点进行入库。这样保证了在一条道路上的正向或逆向影像信息中，影像点具有逻辑上的前后拓扑性。

影像点所关联的相关信息见图 8.1。一般而言，街道上某点处所拼接出的街景影像数据比较大，对于移动终端环境的屏幕而言，没有必要一次性全部显示出来，为加快在移动终端环境下的显示速度，每个影像点的图片都进行了分块处理。

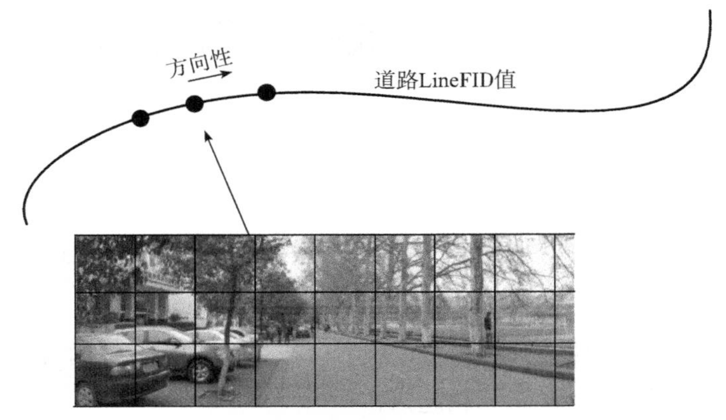


图 8.1　影像点所关联的相关信息

## 8.1　全景数据组织设计

嵌入式街景导航的数据包含两部分：一部分是二维的矢量数据，另一部分是街景影像数据。街景影像数据作为嵌入式街景导航核心数据之一，需要对其进行合理的设计，满足在嵌入式 PDA 环境下进行实时街景影像导航的需要。

(1)道路网信息文件的设计

为便于采集的街景影像数据合理有序入库，需对街景影像点所在的道路 LineFID 值、影像点经纬度和影像信息进行合理化的组织。

多个街景影像点关联于一条拓扑道路段，每个影像点关联一个经纬度信息。因此可以建立道路网信息文件(表 8.1)。

表 8.1　道路网信息文件

| 字段 | 描述 |
|---|---|
| LineFID | 道路 LineFID 值 |
| Picture1 | 位置 1 处影像点文件 |
| Latitude1，Longitude1 | 位置 1 处经纬度信息 |
| …… | |
| PictureN | 位置 $N$ 处影像点文件 |
| LatitudeN，LongitudeN | 位置 $N$ 处经纬度信息 |

道路网信息文件中，LineFID 标识影像点所在拓扑道路 ID 值，Picture1，Picture2，…，PictureN 是按拍摄次序所建立的影像图片名称，并在对应的影像图片名称后标识其所在的经纬度信息。在入库操作时，依次读取影像数据和位置信息。

(2)街景影像的方向性

在一条拓扑矢量道路段上，街景影像数据要反映出正向图和逆向图。在实际拍摄街景数据时，也采集到了正向街景图和逆向街景图。在入库之前，需定义好当前街景数据的正向性或逆向性。

在构建的道路网信息文件里，第一个街景文件所包含的经纬度信息有着明确的指代，它对应着所采集道路段的第一街景影像点的具体位置。这个位置信息是后续进行相关判断和定义的重要依据，通过它可以进一步分析街景影像与道路段之间的位置关系等情况。在本书中作如下规定，当起始街景影像点与道路段起始点距离相近时，定义此道路网信息文件中的街景影像的方向为正向；当起始街景影像点与道路段终止点距离相近时，定义此道路网信息文件中的街景影像的方向为逆向。对于每条拓扑道路段，建立了对应的正向和逆向信息(表 8.2)。

**表 8.2　　街景影像方向性**

| 字段 | 描述 |
| --- | --- |
| ForwardDirect Offset1 | 道路段 1 正向图偏移量 |
| ReverseDirect Offset1 | 道路段 1 逆向图偏移量 |
| …… | |
| ForwardDirect OffsetN | 道路段 $N$ 正向图偏移量 |
| ReverseDirect OffsetN | 道路段 $N$ 逆向图偏移量 |

表 8.2 中，其中正向或逆向偏移量描述了对应拓扑道路段的正向图或逆向图在影像数据库中的起始位置。通过偏移量值可以快速地访问相应的街景影像信息。

(3)影像点间的拓扑性

在设计道路网信息文件时，一条拓扑道路(带有方向性)上街景影像点的摆放，是按照拍摄的次序依次组织的。在设计的影像数据库中，对于一条拓扑道路(带有方向性)所关联的街景影像点也需建立好前后拓扑性，便于在实际街景导航中快速地搜索街景影像数据。在一条拓扑道路上所有相关的街景影像点信息，由相关的头文件加以描述(表 8.3)。

表 8.3　　街景影像头文件

| 字段 | 描述 |
| --- | --- |
| ImageCount | 街景影像点数目 |
| Latitude1,Longitude1 | 街景影像点 1 处经纬度 |
| Offset1 | 街景影像点 1 的偏移量 |
| …… | |
| LatitudeN,LongitudeN | 街景影像点 *N* 处经纬度 |
| OffsetN | 街景影像点 *N* 的偏移量 |

在拓扑道路段(带有方向性)上,先建立好头文件,然后在头文件信息的基础上,依次对街景影像点进行入库操作。

通过 ImageCount 字段获取对应拓扑道路段上正向图或逆向图所具有的街景影像点数目。然后按照次序可以依次获取具有前后拓扑的街景影像点信息,经纬度描述了具体的位置信息,偏移量则描述了对应街景影像点在影像数据库中的起始位置。通过偏移量可以快速访问相应的街景影像点信息。

## 8.2　全景数据存储设计

由于在嵌入式环境下设备屏幕比较小,而某点处街景影像相对比较大,进行实时街景导航时,不需要完全显示出所有的影像。采用分块处理,既可以减少内存的使用量,也可以加快显示的速度。

在设计分块影像数据存储时,应考虑在街景影像实时导航时能快速定位所需的块数据。本书采用行列号对每块影像进行编号,并记录下对应的位置信息。在街景影像点上的所有分块信息由相关的头文件加以描述(表 8.4)。

表 8.4　　街景影像点头文件

| 字段 | 描述 |
| --- | --- |
| ImageWidth | 影像宽 |
| ImageHeight | 影像高 |
| Rows | 分块行数 |
| Cols | 分块列数 |
| Pos1 | 块 1 所在位置 |
| Offset1 | 块 1 偏移量 |
| Size1 | 块 1 二进制数据大小 |
| …… | |
| PosN | 块 1 所在位置 |

续表

| 字段 | 描述 |
| --- | --- |
| OffsetN | 块 1 偏移量 |
| SizeN | 块 1 二进制数据大小 |

其中 Pos 值由对应的分块数据所在的行列号得出，计算公式见式(8.1)。

$$\text{Pos} = \text{Row} * n + \text{col} \tag{8.1}$$

式中，$n$——Row 的权重系数，为避免与其他分块数据的 Pos 值相同，$n$ 应取偏大一点的数值。

在图像分块处理中，本书采用了开源的 CxImage 图像库。CxImage 类库是一个优秀的图像操作类库，可以快捷地存取、显示、转换各种图像，如 BMP、JEPG、GIF、PNG、TIFF、MNG、ICO、PCX、TGA、WMF、WBMP、JBG、J2K 等格式的文件。

对影像进行分块处理，建立图像宽、图像高、分块行数和分块列数的文件头；然后在头文件信息的基础上，依次对分块数据进行入库操作。

通过分块数据的 Pos 字段获取对应分块数据的二进制块大小和偏移量信息。偏移量描述了分块数据在影像数据库中的起始位置。在对应起始位置处，按照二进制块的大小可以快速地获取分块数据信息，再通过 CxImage 库解析，则可以方便地将图像绘制到嵌入式设备上。

影像数据库结构见图 8.2。影像数据库由两部分组成：索引文件和影像数据库文件。

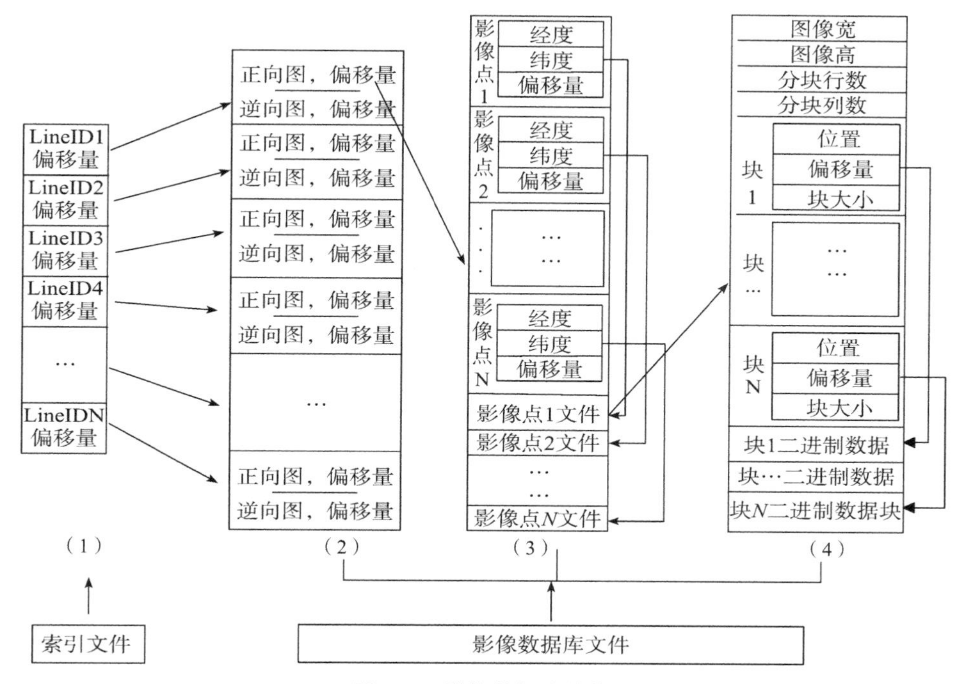


图 8.2 影像数据库结构

# 第9章 快速连贯性导航技术研究

## 9.1 地图匹配

地图匹配(Map Matching,MM)是一种基于软件技术修正导航定位误差的方法。它将其他定位方法测量的车辆位置或行驶轨迹与电子地图数据相比较,找到车辆所在的道路,计算出车辆在道路上的位置。地图匹配协调定位信息和矢量地图上道路网之间的显示误差,把定位点依照某种规则强制与实际道路进行配准,从而保证车辆总在行驶的道路上。

地图匹配方法充分利用电子地图的空间信息数据,达到提高导航系统精确度的目的。在现代的定位导航过程中,地图匹配在车辆导航系统中起着重要作用,有利于提升车辆定位系统的准确性和可靠度。

### 9.1.1 基础匹配算法

地图匹配的基础匹配算法主要是指点到点的匹配、点到线的匹配,以及线到线的匹配。

#### 9.1.1.1 点到点的匹配

点到点的匹配算法最初由伯恩斯坦等提出。首先由GNSS定位信息接收设备获取当前空间位置信息,然后结合定位精度确定空间搜索范围,从存储在地图数据库的点集中,将位置几何距离最近的点搜索并估计出来,作为相对应的匹配结果。点到点的匹配算法具有简单、操作便利、计算负载低、运算速度快等优点,但存在精确度较低、实时性较差等缺点,匹配结果受到很多因素的影响,特别是与弧线上的点集关系较为密切。

点到点的匹配方法搜索过程见图9.1,待匹配的道路有线段$A$和线段$B$,结合线段上的节点情况,待匹配的节点集为$A_1$、$A_2$、$A_3$、$A_4$、$A_5$、$B_1$、$B_2$、$B_3$、$B_4$。依次计算匹配点$P$到待匹配点集的直线距离,可得出到点$A_3$的直线距离最短,所以根据点到点的匹配原则，点 $A_3$ 就是空间定位的匹配点。但是，从图 9.1 中可明显看出点 $P$ 到线段 $B$ 的距离更短，匹配到线段 $B$ 上更为合理，可结合点到线段的距离进行综合判断。

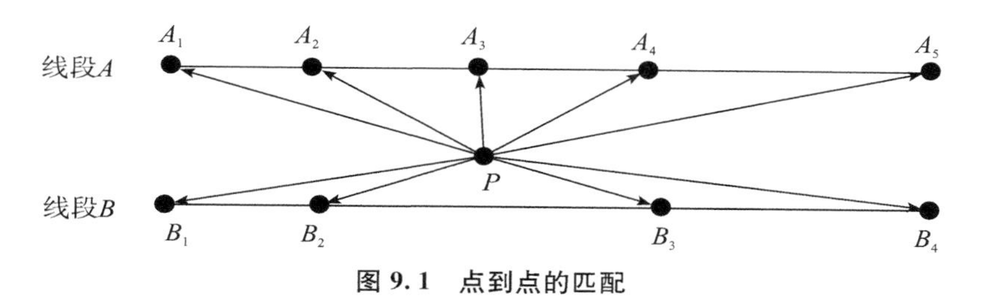


图 9.1 点到点的匹配

#### 9.1.1.2 点到线的匹配

点到线的匹配算法首先由 GNSS 定位信息接收设备获取当前空间位置信息，结合定位精度确定空间搜索范围，然后从在存储的地图数据库搜索线段，再计算点到线段的距离，距离最短的线段作为匹配路段，定位点投影到匹配路段的点作为匹配点。点到线的匹配方法具有简单、直观等优点，但存在匹配线段、匹配点来回摆动等问题。当计算距离相等的线段有两条及以上的情况时，就存在难以判断匹配线段的难题。

点到线的匹配方法搜索过程见图 9.2，待匹配的道路有线段 $A$ 和线段 $B$。在图 9.2 中，$P_1$、$P_2$、$P_3$、$P_4$ 为 4 个连续的 GNSS 定位点，计算点到线段的距离，寻找最近的匹配点：$P_1 \rightarrow A_1$，$P_2 \rightarrow B_1$，$P_3 \rightarrow A_2$ 或 $P_3 \rightarrow B_2$，$P_4 \rightarrow A_3$ 或 $P_4 \rightarrow A_4$。当 $P_3A_2 = P_3B_2$ 时，定位点 $P_3$ 就可能出现在线段 $A$ 和 $B$ 上、匹配点在 $A_2$ 和 $B_2$ 上摇摆的情况，当 $P_4A_3 = P_4A_4$ 时，定位点 $P_4$ 就难以确定对应的匹配点。

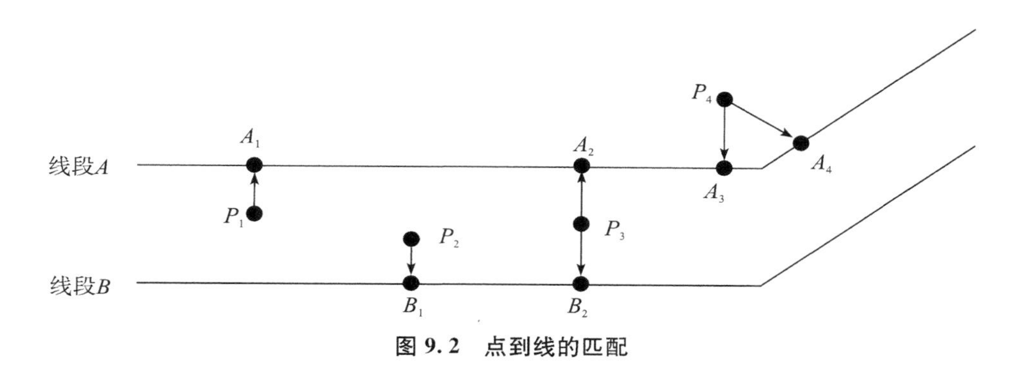


图 9.2 点到线的匹配

#### 9.1.1.3 线到线的匹配

线到线的匹配算法是基于几何关系的地图匹配算法中一种较为复杂的匹配方法。它不仅利用了当前 GNSS 定位数据，还利用了历史轨迹数据。与前面两种算法相比，线到线的匹配算法是一种更先进的算法，匹配准确性也更高。它把包括历史定位信息在内的一连串 GPS 观测点连接形成一条曲线，然后找出和这条曲线距离最短的一条道路作为匹配道路(图 9.3)。

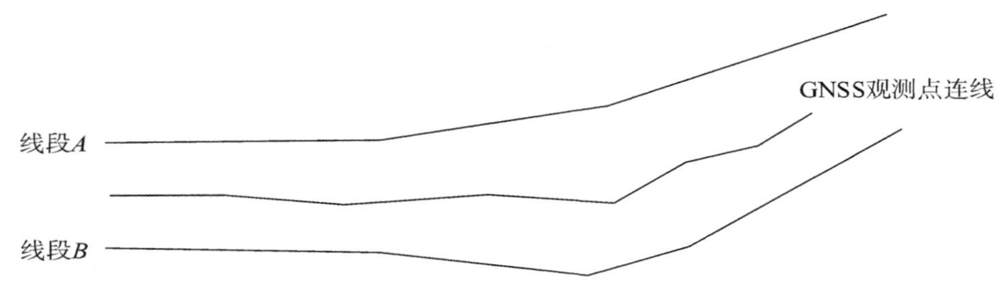


**图 9.3　线到线的匹配**

采用积分的方式计算两条曲线之间的距离，计算公式见式(9.1)，距离最短的作为匹配的道路。

$$\| A - B \| = \int_0^1 \| a(t) - b(t) \| \, \mathrm{d}t \tag{9.1}$$

线到线的匹配算法不仅利用了当前的定位点信息，还结合了若干历史定位点的信息，匹配精确度相对较高，但也会出现误匹配现象(图 9.4)。

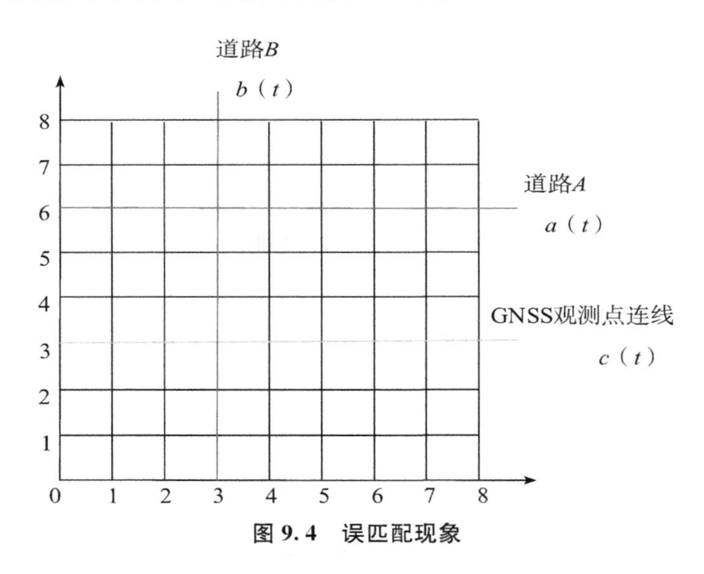


**图 9.4　误匹配现象**

在图 9.4 中，$a(t)$ 和 $b(t)$ 为待匹配的道路，$c(t)$ 为 GNSS 观测点连线，那么道路和观测点连线可用公式表达。

GNSS 观测点连线 $c(t)$ 表达见式(9.2)。

$$c(t) = (6t, 3)(t \in [0,1]) \tag{9.2}$$

待匹配的道路 $a(t)$ 表达见式(9.3)。

$$a(t) = (6t, 6)(t \in [0,1]) \tag{9.3}$$

待匹配的道路 $b(t)$ 表达见式(9.4)。

$$b(t)=(3,3t)(t\in[0,1]) \tag{9.4}$$

依据式(9.1)，$\|c(t)-a(t)\|=3$，$3/\sqrt{5}<\|c(t)-b(t)\|<3\sqrt{2}$，那么认为道路 $B$ 为最佳匹配道路，而实际上道路 $B$ 与 GNSS 观测点连线互相垂直，道路 $A$ 才是最佳匹配轨迹，因此出现了误匹配现象。

以上给出了点到点、点到线及线到线的地图匹配算法，上述 3 种基本的地图匹配算法的相同点是只是单纯利用了电子地图上的单一信息，却不能真正地达到匹配路线的目的。在这些算法中，点到点的匹配算法最少用；点到线的匹配算法是运用最多的一种方法；线到线的匹配算法由于利用了历史轨迹信息，所以是相对来说精确度最高的一种算法。根据以上 3 种基本的匹配方法的思路进行修改，研究拓展出多种相对更加精确、实用的地图匹配算法。

## 9.1.2 常规匹配算法

### 9.1.2.1 直接投影法

直接投影法是一种比较简单的算法。它的基本思想是，在数字地图中，找到距离待匹配位置最近的路段作为匹配路段，并把待匹配测量点投影到匹配路段上，该路段上的投影点即为匹配点。

$P$ 点为待匹配 GNSS 定位点，道路 $A$ 和 $B$ 是当前待匹配点邻近区域内的两条道路(图 9.5)。

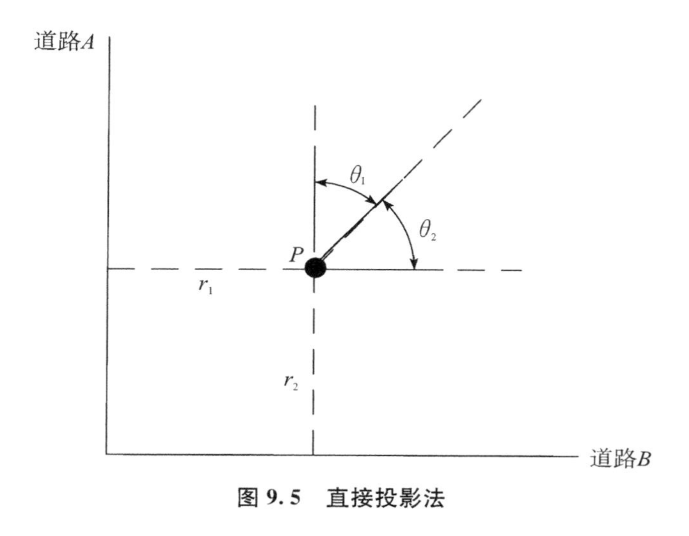


图 9.5 直接投影法

首先将 $P$ 点在两条道路上分别进行投影，根据式(9.5)分别计算道路的距离度量值。

$$\lambda_i = w_i r_i + w_k \theta_i \tag{9.5}$$

式中，$r_i$ ——待匹配点到邻近区域内各个道路的投影距离；

$\theta_i$ ——目标行驶方向与道路之间的夹角；

$w_i$ 和 $w_k$ ——距离和方向的权重系数。

直接投影法中，取 $\lambda_i$ 值最小的候选道路为最优匹配道路，该道路上的投影点即为待匹配点在数字地图上的匹配位置。直接投影法易于实现，可以在一定程度上提高定位精度，但该方法效率较低，稳定性相对较差。

#### 9.1.2.2 相关性算法

相关性算法是一种容易实现且直观的算法。它的基本原理是，利用道路网中的交叉路口、拐角或者曲线路段的形状特性对测量得到的 GNSS 数据进行地图匹配。假设在 $t_k(k=1,2,\cdots,n)$ 的时刻内，$S_k$ 是 GNSS 定位系统测得的目标运行轨迹，那么在数字地图中可能会有 $i$ 条行驶轨迹与之相对应，此时假设地图上得到的与 GNSS 定位系统所测得的数据相对应的轨迹 $L_{ik}$ 是 $i$ 组序列。通过式(9.6)至式(9.8)，可以计算出测量得到的轨迹与 $i$ 组地图中对应轨迹的相关系数。

$$\rho_i = \frac{\sum_{k=1}^{n}(S_k - \overline{S})(L_{ik} - \overline{L}_i)}{N\delta_s\delta_{Li}} \tag{9.6}$$

$$\overline{S} = \frac{\sum_{k=1}^{n} S_k}{N} \tag{9.7}$$

$$\overline{L} = \frac{\sum_{k=1}^{n} L_{ik}}{N} \tag{9.8}$$

式中，$\delta_s$ —— $S_k$ 的标准差；

$\delta_{Li}$ —— $L_{ik}$ 的标准差；

$\rho_i$ ——GNSS 定位系统所测得的目标行驶轨迹与电子地图中第 $i$ 条道路的相关系数。

$\rho_i$ 越大表示该道路与 GNSS 系统接收到的轨迹数据相似性越高。在实际应用中，该方法对密集道路和平行路段的情况难以做出正确的判断。如果方位角浮动较大，使用相关性匹配算法非常适合；如果方位角变化幅度不大，一些匹配的数据波动有限，要在待选的几条道路中，准确找出哪一条最接近，比较难以选择。

#### 9.1.2.3 概率统计算法

概率统计算法是一种基础的地图匹配算法。它的前提是 GNSS 定位误差满足概率统计规律，定位数据以一定的规律分布在真实位置附近。它的基本思想是依据 GNSS 接收到的定位数据，设置一个误差区域，在误差区域内的道路便作为候选道路,然后从候选道路中选出误差区内的最优匹配路段。置信区域的确定是概率统计算法中的关键,误差区域的模型类似椭圆,按照统计理论,定位误差椭圆可推导见式(9.9)。

$$\begin{cases} a = \hat{\delta}\sqrt{1/2[\delta^2{}_x + \delta^2{}_y + \sqrt{(\delta^2{}_x - \delta^2{}_y) + 4\delta^2{}_{xy}}]} \\ b = \hat{\delta}\sqrt{1/2[\delta^2{}_x + \delta^2{}_y - \sqrt{(\delta^2{}_x + \delta^2{}_y) + 4\delta^2{}_{xy}}]} \\ \theta = \frac{\pi}{2} - \frac{1}{2}\arctan(\frac{2\delta_{xy}}{(\delta^2{}_x - \delta^2{}_y}) \end{cases} \tag{9.9}$$

在式(9.9)中,误差椭圆(图 9.6)的大小可通过改变 $\hat{\delta}$ 的大小来进行调整,其中,$a$ 和 $b$ 分别为误差椭圆的轴长,$\theta$ 为椭圆长轴与 $y$ 轴的夹角,$\hat{\delta}_x$ 和 $\hat{\delta}_y$ 是定位误差的标准差,$\hat{\delta}_{xy}$ 表示协方差,$\hat{\delta}$ 为单位权值的后验误差。

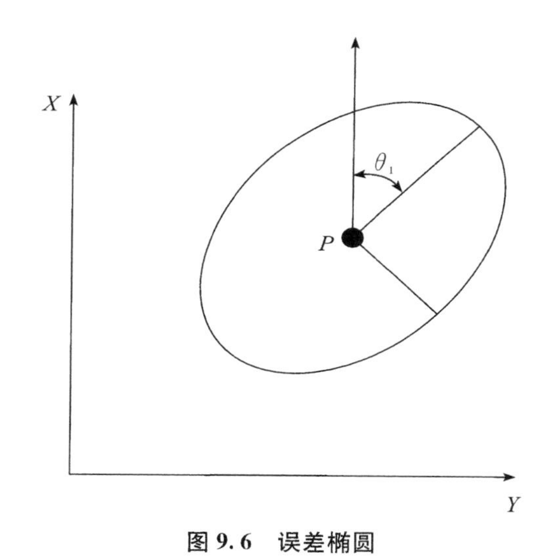


**图 9.6 误差椭圆**

概率统计算法利用误差椭圆确定了置信区域,然后从电子地图数据库中提取候选路段,从而减少候选路段的数目,缩短地图匹配的计算时间。该算法的前提是目标必须在道路上行驶,若目标不在已知道路上,概率统计算法会反复将传感器检测到的坐标和偏离道路的路段坐标进行比较,并尽量识别目标返回的路段。概率统计算法存在一定量的不确定性。当目标偏离道路时,该方法无法防止推算定位误差的积累。如果目标行驶的轨迹越偏离道路,估算出来的位置就越不确定,匹配位置的可信度就越低。同时,由于没有有效利用历史信息,当道路较为密集时,可能会出现匹配结果在几条路段间来回跳跃的现象。

#### 9.1.2.4 模糊逻辑算法

由于存在定位误差,候选道路与定位数据之间并没有一种清晰的关系,往往会得出“目标可能在某一条道路上”这样模糊的结论。为获得精确的定位结果，必须对这类模糊性的结论给出合理的评判。

模糊逻辑算法的基本原理是用模糊逻辑方法去解决模糊度的定性决策的问题，模糊逻辑理论的三个主要步骤为模糊化、推理机制和去模糊化。利用隶属函数描述候选道路的误差模型，然后可以根据候选路段的距离和方向的相似度来确定最优匹配路段。

模糊逻辑算法的前提是将地图上的每条道路分为直线段，然后对每条路段进行模式识别，同时考虑历史匹配结果，把前面多条路段的结果作为后续路段相似性度量函数的权值。

利用拟合直线的斜率 $k$ 与道路直线方程的斜率 $k_i$ 比对后再投影，可以按照一定的步骤进行操作。

①对接收到的 GNSS 数据进行直线拟合，设其方程为 $f(x)=kx+b$ ，那么可从中计算出拟合直线的斜率 $k$ 。

②获取电子地图数据库上每条已存储的路径，将其规划为若干直线段，从地图数据库中提取相关数据。使用数据库上道路节点的坐标，创建各条道路的直线方程，最后计算道路所处直线的斜率 $k_i$ 。

若直线 $L$ 穿过两点 $(x_1,y_1)$ ，$(x_2,y_2)$ ，那么直线 $L$ 的方程见式(9.10)。

$$y-y_1=\frac{y_2-y_1}{x_2-x_1}(x-x_1) \tag{9.10}$$

依据式(9.10)，可依次计算出每条直线的斜率 $k_i$ 。

③将 $k$ 与 $k_i$ 在一定的阈值内做比对，找出距离最近的道路，把采集到的数据点投影在这些道路上，得到这些点和每条道路之间的投影间距，再把这些间距进行比对，与候选的道路间距最短的就是最佳匹配路线，即可以认定目标行驶轨迹就是那条道路。

模糊逻辑算法具有效率高、计算简单、实时性好的优点，并且适用于不同状况的路段。缺点在于隶属函数的设定和权重系数的分配缺乏理论依据，以经验为主要选择标准。

#### 9.1.2.5 曲线拟合算法

曲线拟合算法在曲线拟合原理的基础上，利用两个变量点间的关系用拟合曲线方程来体现，并且通过解析函数，计算近似点。基于电子地图中的道路是用直线段或折线来近似的这一规则，模拟目标行驶经过的路段。

拟合直线可以通过观测 $n$ 个数据点来得到，而道路自身的情况，也就是道路的长短决定了 $n$ 的取值。由拟合曲线的相关原理可以推出式(9.11)。

$$A=\frac{\sum_{i=1}^{n}x_i^2\sum_{i=1}^{n}y_i-\sum_{i=1}^{n}x_i\sum_{i=1}^{n}x_iy_i-\sum_{i=1}^{n}x_i\sum_{i=1}^{n}y_i+n\sum_{i=1}^{n}x_iy_i}{n\sum_{i=1}^{n}x^2{}_i-(\sum_{i=1}^{n}x_i)^2} \tag{9.11}$$

式中，$(x_i, y_i)$——观测点的平面坐标。

由式(9.12)可求得拟合直线的斜率。

$$k=\frac{n\sum_{i=1}^{n}x_iy_i-\sum_{i=1}^{n}x_i\sum_{i=1}^{n}y_i}{n\sum_{i=1}^{n}x^2{}_i-(\sum_{i=1}^{n}x_i)^2} \tag{9.12}$$

式(9.12)中，$k$ 反映了目标的行进状况。当选择曲线拟合算法进行匹配道路时，对于历史数据有过详细的分析，该算法会比较稳定可靠，尤其在特殊路段(如比较大的弯道或交叉路口处)的匹配效果比较好。但曲线拟合算法需要对定位数据进行积累，因此实时性较差。当周边两条道路平行的时候，用这个算法来匹配，容易产生误差。

#### 9.1.2.6 卡尔曼滤波算法

以 GNSS 定位误差为研究对象，卡尔曼滤波算法采用二阶马尔可夫过程的方法，对 GNSS 在二维平面坐标中两个坐标轴方向的定位误差详细描述，从而分析系统的状态向量，形成相应的状态方程。通过其他地图匹配方法所获得的最佳匹配位置，将其作为系统的观测序列，建立相应的观测方程，计算出道路垂直方向的误差量测值。通过所求的状态方程与观测方程，由标准的卡尔曼滤波方程来求解。

可通过一定顺序的运算和解算，得出有关两个坐标轴方向定位误差的最佳估算值。运用坐标转换方法，结合坐标轴方向的定位误差，求得其最佳估算值，从而得出有关垂直路段方向以及平行路段方向误差的最佳估算值。

运用卡尔曼滤波算法，不仅能够修改垂直路段的方向误差，还能够修改平行道路的方向误差，大大增加了地图匹配算法的精准率。但由于该算法的运算量比较大，地图匹配实时性受到了一定的影响。同时，卡尔曼滤波器参数的运用比较烦琐，若应用了错误的参数，不仅匹配的精准率会受到影响，地图匹配算法也会变得不适用。计算分析当前目标行驶路段以及定位点与行驶路段的距离，卡尔曼滤波算法需要借助其他算法进行推算，因此卡尔曼滤波算法需要与其他算法进行联合解算与应用。

#### 9.1.2.7 权重算法

通过投影距离、行驶方向和路段方向可有效判断目标的行驶路段。投影距离是目标定位的一个重要的方面，行驶方向和路段方向会构建具有拓扑关系的夹角。权重算法可结合上述因素设计用来对比的计算模型，分析计算 GNSS 定位数据，构造和转化成网络权重，最后根据网络的弧度权重来判断目标行驶的道路。

权重算法具有很多方面的优点。它利用了定位的优势来掌握当前信息情况和历史信息特征，减少了由定位而造成的误差。但也存在若干缺点：定位数据需要进行一个过程的累积，这个过程是需要一定时间的，由此便产生了滞后性。

#### 9.1.2.8　拓扑关系算法

拓扑关系算法的前提是数字地图的拓扑结构相对比较完整，道路网中各个道路之间存在拓扑关系并记录在地图的道路层数据中，利用这些信息通过设定阈值来确定在阈值内的候选道路，再通过模式识别对车辆运行轨迹进行识别和匹配。

从数据角度来看，空间数据的拓扑关系反映了空间上的点、线、面之间的相邻、包含、相交和连通性等关系。从算法的角度来看，可以使用链表来描述空间要素之间的关系。已知在给定时间内，车辆只能行驶有限长度的距离，所以车辆行驶必须满足道路网的拓扑关系。如果车辆当前行驶在道路 2 上，根据道路网上各个道路的拓扑关系和连通性，车辆下一时刻的行驶方向只可能是当前道路 2 或者与当前道路相连通的道路 1、3、4(图 9.7)。

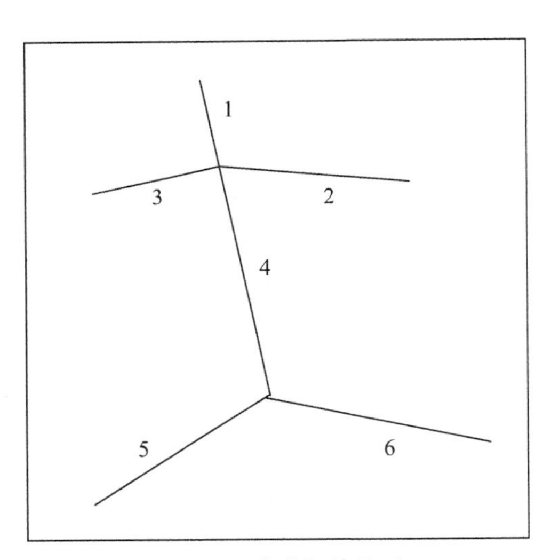


**图 9.7　道路拓扑关系**

该算法首先要根据给定的阈值范围，确定在阈值范围内的所有待匹配路段，然后根据车辆行驶方向、道路网的拓扑关系和连通性，再结合历史匹配结果，确定当前 GNSS 定位点的最优匹配道路。但此方法只考虑了电子地图道路网的拓扑关系，其匹配精度与数字地图道路拓扑关系的完整性有很大的关系，如果数字地图的拓扑关系不完整，将大大影响匹配的结果。因此，为了保证较高精度的匹配效果，不能单一使用拓扑关系算法，而是应该和其他的匹配算法结合使用，从而发挥其优势。

### 9.1.3 地图匹配影响因素

地图匹配算法的优劣可从实时性、鲁棒性、匹配精度3个维度进行评价。实时性、鲁棒性和匹配精度是衡量一个地图匹配算法的主要指标。

#### 9.1.3.1 实时性

在地图匹配这一复杂过程里,要精准地将实际的行驶路线与地图上的道路相对应起来。而其中一个关键步骤便是筛选出与行驶路线相匹配的路段,也就是所谓的候选路段筛选工作。这一环节堪称整个地图匹配流程的重要"枢纽",它的准确与否、效率高低直接影响着最终能否成功且高效地实现地图匹配。匹配候选路段的筛选的时间越长,匹配规则越复杂,算法的实时性越差,尤其在当前路网规模增大和路况复杂情况下表现得更加明显。

目前存在的匹配算法,设定了不同的条件和规则,要选取的适合的路段往往要覆盖整个道路网络。不断增加的道路数量,直接造成了道路网络的规模与日俱增,降低了实时性。所以,在匹配精度不改变的情况下,提高道路和位置点的匹配效率就需要将地图匹配算法简单化。

#### 9.1.3.2 鲁棒性

在道路上行驶的车辆,经常会出现诸如信号中断、车辆低速滑行、数据误差较大等各种不可预料的状况。能否高效地处理匹配过程中可能出现的异常,保证地图匹配算法系统正常工作,是鲁棒性的重要指标。

在算法设计的过程中,想得到优越的鲁棒性往往就要能够对各种可能的异常情况做出正确的判断和处理。

#### 9.1.3.3 匹配精度

坐标转换误差和电子地图误差是客观存在的两个因素。

(1)坐标转换误差

我国目前的电子地图数据采用的是北京54坐标系(该坐标系属三心坐标系,其原点在苏联的普尔科沃,长轴6378245m,短轴6356863m,扁率1/298.3)或西安80坐标系(该坐标系属三心坐标系,其大地原点在我国中部的陕西省泾阳县永乐镇,长轴6378140m,短轴6356755m,扁率1/298.25722101)。而GPS接收到的是WGS-84地心坐标系坐标。以上采用作为参考的椭球参数的不同,使得坐标系统产生变化,有人曾经做过实验,直接将GPS两次测量的系统选择北京54和西安80坐标系,他们所得到的结果就算和电子地图匹配了,也有大量的误差,其误差值达到60m。选择的参考模型不同,或者计算模型参数的控制点不同,抑或是坐标的精确度不高都是影响着坐

标转换的误差的因素。

(2)电子地图误差

在匹配过程中产生的误差。电子地图经过层层筛选,其数据精度方面有着明显的优势,GPS定位精度也略逊一筹。一般在匹配过程中,由于本身精确度比较高,因此偏离标准线路的可能性比较低,但是电子地图没办法把很多细节标清楚,道路自身的复杂性等客观原因直接降低了地图匹配的精确度。

### 9.1.4 地图匹配模块

(1)地图匹配流程

根据车辆行驶的实际状况及地图匹配算法的主要特点,本书设计的地图匹配流程包括获取定位信息、定位数据检测、地图匹配预处理、确定候选路段、计算候选路段匹配值、确定最终匹配路段和最终匹配点、定位导航是否结束。地图匹配流程见图9.8。

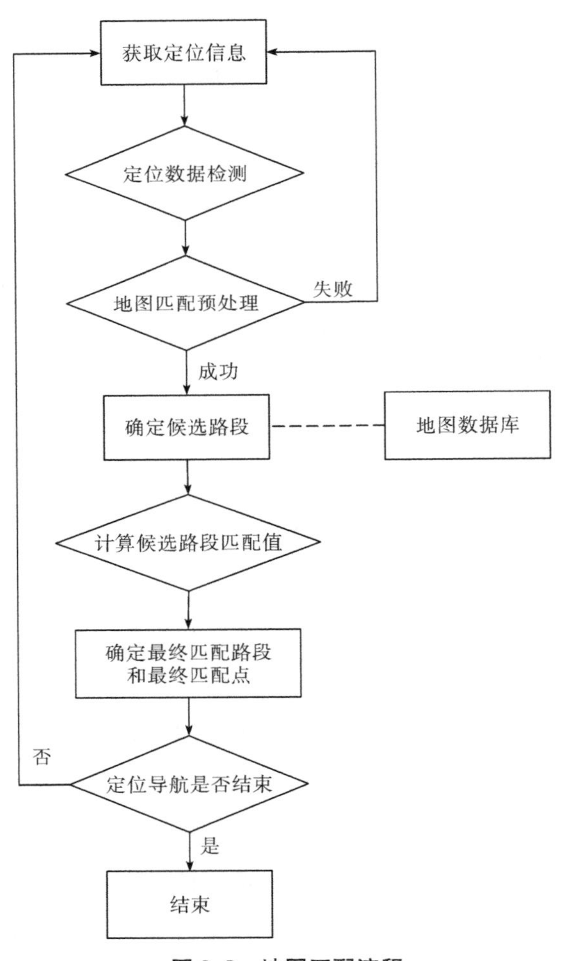


图9.8 地图匹配流程

(2)获取定位信息

GPS信号以每秒1～2次的频度读取来自GPS接收机的定位数据。GPS的统一标准NMEA0183格式采用ASCII码。发送到计算机的数据主要由帧头、帧内数据和帧尾组成。根据数据帧的不同,帧头也不相同,主要有$GGA、$GSV和$RMC等。解析ASCII码,可以获得位置坐标、速度、方位、时间、有效性、几何因子和星历数据等。

(3)定位数据检测

在地形复杂的路段,高大建筑物的阻挡或者车辆处于高架桥和隧道内,使GPS接收机对部分卫星失去锁定,出现漂移现象,从而产生GPS定位粗差。对固定点GPS定位的观测实验表明,GPS定位数据在某些孤立的时刻会出现突然大幅跳变。为避免这种异常定位数据对导航产生不良影响,在地图匹配前要采取有效的方法对定位数据进行检测,发现并滤除异常点。滤除异常点主要考虑的因素有GPS定位点的可见卫星数、HDOP水平精度因子值,定位点前后位置的相关性及车辆的行驶速度等。

(4)地图匹配预处理

在数据预处理阶段主要完成滤除异常点和保存历史数据点两项工作。

对于第二阶段的定位数据检测,判断所获取的定位点的可见卫星数、HDOP水平精度因子值、车辆行驶速度等,滤除一些明显的异常点。

另外,地图匹配算法应考虑到车辆在道路上行驶时,不应因为某个定位点到别的路段投影距离较近,或某个定位点与别的路段方向偏差较小,而改变当前匹配路段。只有当$n$个连续的定位点到某路段最近和这$n$个连续定位点方向与路段方向较近时,才认为当前行车路段已经改变。所以通过对一定数量的定位点的信息进行考察,可以解决已有投影匹配在交叉路口和并行路段的误匹配问题,增加匹配正确率,增强匹配算法的可靠性。

因此需要保存一定数量的非异常历史数据点,主要是记录历史数据点的位置值和方向值。用于计算点到道路线的垂直值和方向值,为下一阶段计算候选道路匹配值做好数据准备。

(5)确定候选路段

一个城市中的道路可能有成千上万条,地图匹配算法不能而且也没必要将整个城市地图数据库中的所有道路作为候选路段。确定候选路段集的意义在于减少候选路段的数目,缩短地图匹配的计算时间。本书采用了两种方法来确定候选路段:按一定范围的圆域查找候选路段集和按拓扑关系来搜索候选路段。

初次开始采用一定范围的圆域来确定候选路段，采用以接收到的最近 GPS 点为圆心，以 GPS 实时水平估计误差值的 2 倍为半径，进行圆形搜索。搜索到的道路作为候选路段集。

从第二次开始采用按拓扑关系来确定候选路段，以确定的路段为基础，寻找关联的拓扑路段。当前路段和拓扑路段构成候选路段集。

(6)计算候选路段匹配值

对于候选路段集中的道路，采用两种匹配度量定义匹配值。一是点到路段的距离值，二是车辆行驶的方向与路段方向的差值。在计算候选路段的匹配值时，历史点数据都参与到计算之中。

(7)确定最终匹配路段和匹配点

一般来讲，投影距离和方向夹角越小的候选路段成为匹配路段的可能性越大，反之亦然。匹配度定义为与投影距离 $d$ 和方向夹角 $\theta$ 有关的函数(式 9.13)。

$$f(d,\theta)=w_d d+w_\theta \theta \tag{9.13}$$

式中，$f(d,\theta)$ ——候选路段的匹配度度量函数；

$w_d$ 和 $w_\theta$ ——距离 $d$ 和方向夹角 $\theta$ 在匹配度度量函数中所占的权重，且满足式(9.14)。

式(9.13)表示，每条候选路段的匹配度由投影距离 $d$ 和方向夹角 $\theta$ 决定，投影距离和方向夹角越小，候选路段对应的匹配度越大，作为匹配路段的可能性也就越大，反之亦然。

$$w_d+w_\theta=1 \tag{9.14}$$

$w_d$ 和 $w_\theta$ 是固定的，一般根据经验数据或实验确定。对此需加以改进，使距离和方向权重随着区域的不同而变化。在一定距离范围内，GPS 定位点到交叉路口的距离越小，车辆拐弯的可能性越大，因此角度在匹配值中所占比例应该增大，相应的距离在匹配值中所占比例则应减少。设 $S_i$ 为定位点到下一个相邻拐弯点的距离值，则满足式(9.15)。

$$\begin{cases} w_d=S_i/100 \\ w_\theta=(100-S_i)/100 \end{cases} \tag{9.15}$$

离交叉路口越远，角度匹配因子的权重越小，当定位点离交叉口距离 $S_i \geqslant 50$ 时，距离权重值和方向权重值见式(9.16)。

$$w_d=w_\theta=0.5 \tag{9.16}$$

第 $i$ 条候选路段所对应的投影距离 $d_i$ 和方向夹角 $\theta_i$ 的计算公式见式(9.17)。

$$\begin{cases} d_i = \sum_{t=0}^{5} d_t / 6 \\ \theta_i = \sum_{t=0}^{5} \theta_t / 6 \end{cases} \tag{9.17}$$

式中，$d_t$ ——从当前测量点开始前溯的连续 6 个历史测量点分别与第 $i$ 条候选路段对应的投影距离，取其平均值作为当前测量点的投影距离 $d_i$ ；

$\theta_t$ ——从当前测量点开始前溯的连续 6 个历史测量点分别与第 $i$ 条候选路段对应的方向夹角，取其平均值作为当前测量点与候选道路的夹角 $\theta_i$ 。

(8)定位导航是否结束

判断是否继续进行导航，若继续导航，则获取 GPS 定位信息，再次进入地图匹配流程；若停止导航，则结束导航流程。

## 9.2 全景切换

### 9.2.1 全景节点切换

在一条拓扑道路上拍摄的影像点数据只是反映了拍摄点的街景信息，并没有反映出整条道路完整的信息。对于进行实际街景导航而言，所拍摄的影像数据还是不够的。为了避免在街景导航过程中出现空白的街景影像，需要把街景影像点之间的道路规划到一个影像点上。

在一条拓扑道路上所拍摄的影像点并不是连续的一系列点，而是相邻的单独点(图 9.9)。让一定距离的路段显示一个影像点的数据，在导航时采用连续推进的形式。例如，线段 1—2 显示影像点 1 的数据，线段 2—3 显示影像点 2 的数据。

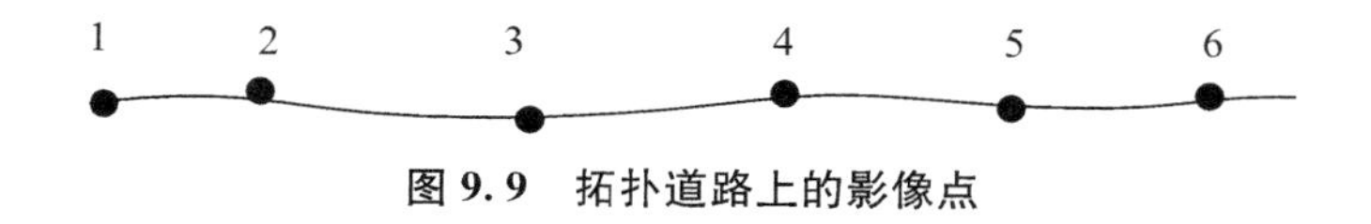


图 9.9 拓扑道路上的影像点

在实际街景导航时，在影像点之间若采用静态显示街景点数据，这样给用户的直观感觉并不好，若采用动态推进的方式显示街景，便能给用户连续街景导航的效果。

设 GPS 经地图匹配后在道路上的坐标为 tmp$X$，tmp$Y$，满足式(9.18)。

$$\begin{cases} (\text{tmp}X - X_{n-1})(\text{tmp}X - X_n) \leqslant 0 \\ (\text{tmp}Y - Y_{n-1})(\text{tmp}Y - Y_n) \leqslant 0 \end{cases} \tag{9.18}$$

则该点位于影像点($n-1$,$n$)之间，显示影像点($n-1$)的数据。定义初始读取影像点数据的范围为移动终端屏幕大小的 $dZoom$ 倍。这里的 $dZoom$ 是一个倍数参数，它决定了最初开始读取影像点数据时所涵盖范围的宽窄程度。

设当前影像点$(n-1)$与影像点$n$之间的距离为$L$，位置点$(x,y)$与影像点$(n-1)$之间的距离为$L_1$，则当前比例见式(9.19)。

$$\text{scale}=\begin{cases}\mathrm{d}Zoom-\dfrac{L_1}{L} & (L_1\neq L)\\ \mathrm{d}Zoom & (L_1=L)\end{cases} \tag{9.19}$$

根据比例，计算出需要绘制在屏幕上的范围见式(9.20)。

$$\begin{cases}\text{宽 } w_1=width*scale\\ \text{高 } h_1=height*scale\\ \text{起始点 } left=(2*width-w_1)/2\\ \text{top}=(2*height-h_1)/2\end{cases} \tag{9.20}$$

当GPS点不停向前移动时，影像放大比例不断变小，绘制在移动终端屏幕上的影像范围也会变小，给用户的感觉就是内推显示图像的效果。这样不停地更换屏幕显示的内容，会造成屏幕不停地闪烁，要采用特殊的技术来避免屏幕连续闪烁，向用户提供更友好的效果。

程序在绘制屏幕窗口内容时，需多次调用设备环境去擦除并重新绘制内容，这样就会明显地闪烁。这是由于在绘制时，先用背景色擦除当前窗口内容，然后再把新的窗口内容绘制在屏幕窗口上。采用双缓存技术可以解决屏幕闪烁的问题。

在计算机系统中，缓存是一个开辟用来保存数据的临时空间。使用缓存，就不需要频繁地访问存储在内存或硬盘中的数据，当执行一个或一系列的操作，并且将操作结果放入缓存后，就可以迅速地访问这些数据。

双缓存技术就是先在内存(不可见缓存)中操作，然后再把操作结果拷贝到屏幕内存(可见内存)中进行显示的技术。应用双缓存技术实时显示图形，观察到的是图形的操作结果，而不是图形的绘制过程。

在街景导航过程中，采用双缓存技术，在初始读取影像时，读取移动终端屏幕范围2.5的影像数据到内存，在导航过程中，根据比例把内存中起始点分别为left、top，宽$w_1$，高$h_1$的影像图片贴到屏幕上即可。这样便能给用户快速连续街景导航的效果。在过渡影像点时，则切换图像，选择另外一个影像点读入内存。

## 9.2.2 双缓存技术

### 9.2.2.1 双缓存作用

双缓冲甚至是多缓冲，在许多情况下都很有用。一般需要使用双缓冲区的地方都是由于“生产者”和“消费者”供需不一致。这样的情况在很多地方可能会发生，使用多缓冲可以很好地解决。

例1:在网络传输过程中数据的接收,有时可能数据来得太快来不及接收导致数据丢失。这是由于“发送者”和“接收者”速度不一致,在它们之间安排一个或多个缓冲区来存放来不及接收的数据,让速度较慢的“接收者”可以慢慢地取完数据,不至于丢失。

例2:计算机中的三级缓存结构:外存(硬盘)、内存、高速缓存(介于CPU和内存之间,可能有多级)。它们的存储容量依次减小,但速度依次提升,价格也依次升高。作为“生产者”的CPU处理速度很快,而内存存取速度相对CPU较慢,如果直接在内存中存取数据,它们的速度不一致会导致CPU处理能力下降。因此在它们之间增加的高速缓存可作为缓冲区平衡两者速度上的差异。

例3:在图形图像显示过程中,计算机从显示缓冲区取数据然后显示。很多图形的操作都很复杂,需要大量的计算,很难访问一次显示缓冲区就写入待显示的完整图形数据。通常需要多次访问显示缓冲区,每次访问时写入最新计算的图形数据。而这样造成的后果是一个需要复杂计算的图形,看到的效果可能是一部分一部分地显示出来的,造成很大的闪烁,不连贯。而使用双缓冲,可以先将计算的中间结果存放在另一个缓冲区中,当全部的计算结束,该缓冲区已经存储了完整的图形之后,再将该缓冲区的图形数据一次性复制到显示缓冲区。

例1中使用双缓冲是为了防止数据丢失,例2中使用双缓冲是为了提高CPU的处理效率,例3使用双缓冲是为了防止显示图形时的闪烁延迟等不良体验。

#### 9.2.2.2 双缓存原理

把电脑屏幕看作一块黑板。首先在内存环境中建立一个“虚拟”的黑板,然后在这块黑板上绘制复杂的图形,等图形全部绘制完毕,再一次性地把内存中绘制好的图形“拷贝”到另一块黑板(屏幕)上(图9.10)。采取这种方法可以提高绘图速度,极大地改善绘图效果。

显示缓冲区和显示器是相互关联的,显示器只负责从显示缓冲区取数据显示。通常所说的在显示器上画一条直线,其实就是往该显示缓冲区写入数据。显示器不断地刷新(从显示缓冲区取数据),从而使显示缓冲区中数据的改变及时地反映到显示器上。

这也是显示复杂图形时造成闪烁的原因,比如现在要显示从屏幕中心向外发射的一簇射线,开始编写代码用一个从0°开始到360°的循环,每隔一定角度画一条从圆心开始向外的直线。每次画线其实是往显示缓冲区写入数据,如果还没有画完,显示器就从显示缓冲区取数据显示图形,此时看到的是一个不完整的图形,然后继续画线,等到显示器再次取显示缓冲区数据显示时,图形比上次完整了一些,依次下去直到显示完整的图形。看到图形不是一次性完整地显示出来，而是每次显示一部分，从而造成闪烁。

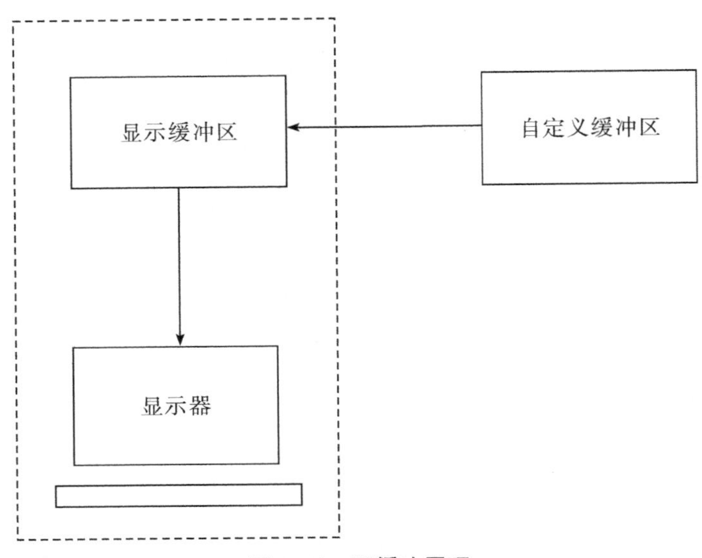


**图 9.10 双缓冲原理**

### 9.2.2.3 实现方法

在图形图像处理编程过程中，双缓冲是一种基本的技术。如果窗体在响应 WM_PAINT 消息的时候要进行复杂的图形处理，那么窗体在重绘时由于过频的刷新会出现闪烁现象。解决这一问题的有效方法就是双缓冲技术。因为窗体在刷新时，有一个擦除原来图像的过程 OnEraseBkgnd。它利用背景色填充窗体绘图区，然后再调用新的绘图代码进行重绘，这样一擦一写造成了图像颜色的反差。当 WM_PAINT 的响应很频繁的时候，这种反差也就越发明显，于是就出现了闪烁现象。

关于双缓冲我们会很自然地想到，避免背景色的填充是最直接的办法。但是那样的话，窗体上会变得一团糟。因为每次绘制图像的时候都没有将原来的图像清除，造成了图像的残留，于是窗体重绘时，画面往往会变得乱七八糟。所以单纯的禁止背景重绘是不够的，还要进行重新绘图，且要求速度很快，因此使用 BitBlt 函数。它可以支持图形块的复制，速度很快。可以先在内存中作图，然后用此函数将作好的图复制到前台，同时禁止背景刷新，这样就消除了闪烁。以上就是双缓冲绘图的基本思路。

首先给出实现的程序，然后再解释，同样是在 OnDraw(CDC * pDC)中：

CDC MemDC; //首先定义一个显示设备对象

CBitmap MemBitmap; //定义一个位图对象

//随后建立与屏幕显示兼容的内存显示设备

MemDC. CreateCompatibleDC(NULL);

//这时还不能绘图,因为没有地方画

//下面建立一个与屏幕显示兼容的位图,至于位图的大小,可以用窗口的大小,也可以自己定义(如有滚动条时就要大于当前窗口的大小,在 BitBlt 时决定拷贝内存的哪部分到屏幕上)

MemBitmap. CreateCompatibleBitmap(pDC,nWidth,nHeight);

//将位图选入内存显示设备中

//只有选入了位图的内存显示设备才有地方绘图,画到指定的位图上

CBitmap * pOldBit=MemDC. SelectObject(&MemBitmap);

//先用背景色将位图清除干净,这里我用的是白色作为背景

//也可以用自己应该用的颜色

MemDC. FillSolidRect(0,0,nWidth,nHeight,RGB(255,255,255));

//绘图

MemDC. MoveTo(……);

MemDC. LineTo(……);

//将内存中的图拷贝到屏幕上进行显示

pDC－>BitBlt(0,0,nWidth,nHeight,&MemDC,0,0,SRCCOPY);

//绘图完成后的清理

//把前面的 pOldBit 选回来. 在删除 MemBitmap 之前要先从设备中移除它

MemDC. SelectObject(pOldBit);

MemBitmap. DeleteObject();

MemDC. DeleteDC();

双缓冲(two way soft-closing)

# 第 10 章　原型系统的实现

## 10.1　软硬件环境

（1）硬件参数

设备型号：Dell AXIM X510

CPU：Intel(R)PXA270

内存：48M

SD 存储卡：2G

（2）软件环境

操作系统：Windows Mobile 5.0

（3）开发环境

宿主机：Mobile AMD Athlon(TM)64 Processor 3000+，1G 内存，60G 硬盘

操作系统：Windows XP + SP2

开发工具：MS Visual Studio.NET 2005 + SP1

SDK：Windows Mobile 5.0 Pocket PC SDK

## 10.2　原型系统实现

根据前文的设计，嵌入式街景导航系统是以子系统为单元进行构建的。三个子系统相互关联、相互作用，二维导航子系统提供矢量导航数据服务，街景影像处理子系统提供街景影像服务，嵌入式街景导航子系统将二维导航子系统和街景影像处理子系统有机关联起来，并建立嵌入式街景兴趣点数据库。下面将详细介绍各子系统的实现。

### 10.2.1　二维导航子系统的实现

在基于 GeoPW 平台的二维导航子系统中，最主要的部分是拓扑数据的组织、路

径寻优模块和地图匹配模块的实现。下面将分3个部分进行详细介绍,并以武汉市交通道路网数据为例,介绍二维导航子系统的实现。

(1)拓扑数据库的实现

拓扑数据库的建立是在PC机上预先实现的,而后存放于嵌入式设备之中。首先定义拓扑结点、道路线和结点索引结构:

```
struct NODE{
    intnID; //点 ID 值
    double dx; //点横坐标
    double dy; //点纵坐标
}
struct LINESTRING{
    longnID; //线段 ID 值
    intFirstID; //起始点 Node ID 值
    intLastID; //终止点 Node ID 值
    doubledLen; //线段长度
}
struct NODEINDEX {
    intnVexID; //节点 ID 值
    intnAddrID; //节点索引值
}
```

用OGR库读取Shape矢量数据,获取道路网层指针 OGRLayer * pLayer,然后在道路网层上开始建立拓扑关系,下面介绍主要的接口:

```
    void CreateTopoFile(OGRLayer * pLayer,string strDirName);
    void ExtractNode(OGRLayer * pLayer, NODE * pAllNode, int nLineCount,
string strDirName);
    void MergeNode(NODE * pAllNode,int nLineNode,string strDirName,NODE
* * poNode,int& nNodeNum);
    void FillLineString(OGRLayer * pLayer, NODE * pNode, int nNodeNum,
LINESTRING * pLine,string strDirName);
    void SortLineStringByNodeID(LINESTRING * pLine, int nLineCount, string
strDirName);
    void QuickSort(LINESTRING * pLine,int nLow,int nHigh);
```

```
    int PartitionPos(LINESTRING * pLine,int nLow,int nHigh);
    void BuildNodeIndex ( NODEINDEX * pNodeIndex, int nNodeCount,
LINESTRING * pLine,int nLineCount,string strDirName);
    void WriteTopoFile(NODE * pNode,int nNodeCount,LINESTRING * pLine,
int nLineCount,NODEINDEX * pNodeIndex,string strDirName);
```

接口 ExtractNode 用于提取道路网层中的道路段结点，并存放于 NODE * pAllNode 中；接口 MergeNode 将在一定阈值范围内的结点合并，并将结果存放于 NODE * * poNode 中；接口 FillLineString，SortLineString，QuickSort，PartitionPos 提取道路网层中的道路段，并按照起始节点升序进行排列，并存放于 LINESTRING * pLine 中；接口 BuildNodeIndex 则结合合并的结点和排序的道路段建立结点索引；接口 WriteTopoFile 将合并的结点、排序的道路段和结点索引以二进制的形式写入拓扑数据库中。

在二维导航子系统中，所采用的测试数据是武汉市交通道路网，拓扑数据转换程序是建立在 GeoPW 数据转换的基础上完成的，拓扑数据库建立的实现过程见图 10.1。

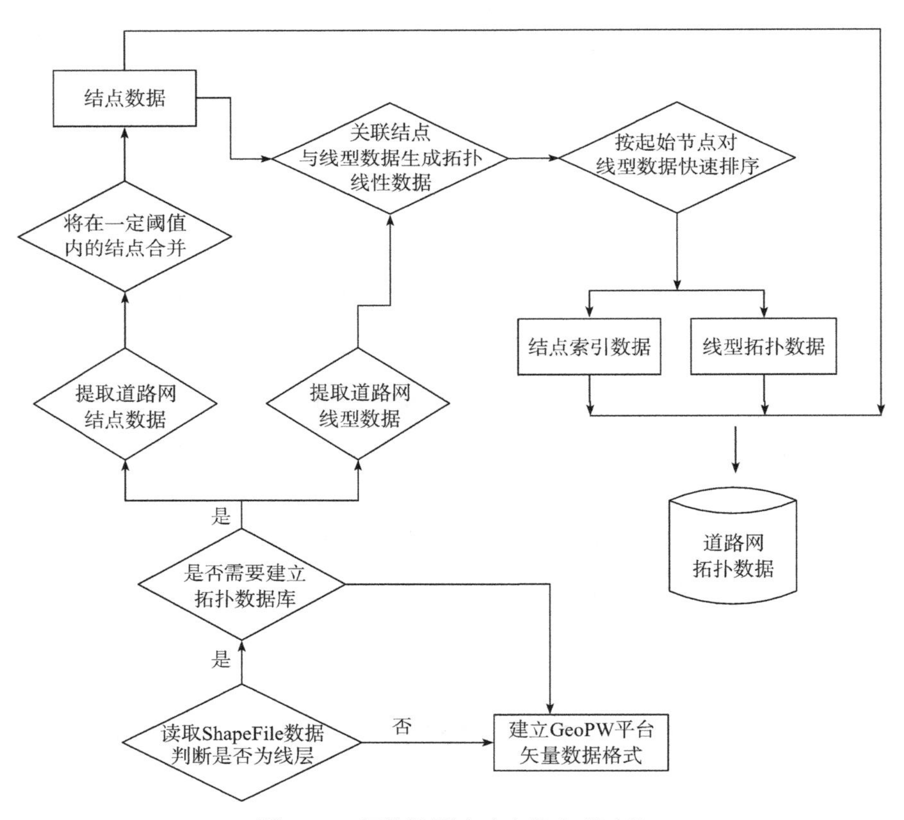


图 10.1　拓扑数据库建立的实现过程

武汉市交通道路网是ShapeFile的数据格式，其中的道路网并没有打断，在生成拓扑数据之前，需预先将相交的道路网全部打断。原型系统中，采用了ArcGIS所提供的数据转换功能，首先通过利用ArcGIS中Shape到Coverage格式的数据转换，把相交的道路网打断，然后再把Coverage格式数据中的Arc数据转换为ShapeFile，这样就可以得到拓扑性质的Shape数据。

所生成的拓扑结点、拓扑线和结点索引见图10.2。拓扑点由结点编号、所在位置信息组成；拓扑线由线编号、起始结点和终止结点编号、线段长度信息组成，按照起始节点编号的升序排列；结点索引指明了结点在拓扑线中的位置。

| | | |
|---|---|---|
| 0 | 507914.347104 | 3370956.455748 |
| 1 | 507674.342833 | 3370916.683226 |
| 2 | 507918.568941 | 3370932.645357 |
| 3 | 540518.841614 | 3371010.870226 |
| 4 | 540569.039644 | 3371034.324565 |
| 5 | 540565.160889 | 3371011.037922 |
| 6 | 538096.012549 | 3370997.461383 |
| 7 | 538124.232047 | 3371040.862328 |
| 8 | 538187.719956 | 3370998.570689 |
| 9 | 507912.131953 | 3370984.135596 |
| 10 | 524833.653988 | 3371010.418531 |
| 11 | 524808.839695 | 3370963.644222 |
| 12 | 524834.652777 | 3371009.948662 |
| 13 | 533835.448194 | 3371055.898035 |
| 14 | 533815.765401 | 3370988.079085 |
| 15 | 533893.938199 | 3370988.319000 |

(a)拓扑点

| | | | |
|---|---|---|---|
| 1 | 0 | 1 | 243.277421 |
| 12 | 0 | 16 | 325.354042 |
| 2 | 0 | 2 | 24.207143 |
| 7 | 0 | 9 | 27.768343 |
| 1 | 1 | 0 | 243.277421 |
| 2 | 2 | 0 | 24.207143 |
| 3 | 3 | 4 | 55.416048 |
| 4 | 4 | 5 | 23.739536 |
| 3 | 4 | 3 | 55.416048 |
| 120 | 4 | 124 | 507.902645 |
| 4 | 5 | 4 | 23.739536 |
| 5 | 6 | 7 | 51.768544 |
| 6 | 7 | 8 | 80.309176 |
| 5 | 7 | 6 | 51.768544 |
| 206 | 7 | 201 | 974.938205 |
| 39 | 7 | 44 | 279.616119 |

(b)拓扑线

| | |
|---|---|
| 0 | 0 |
| 1 | 4 |
| 2 | 5 |
| 3 | 6 |
| 4 | 7 |
| 5 | 10 |
| 6 | 11 |
| 7 | 12 |
| 8 | 16 |
| 9 | 17 |
| 10 | 18 |
| 11 | 22 |
| 12 | 23 |
| 13 | 24 |
| 14 | 27 |
| 15 | 28 |
| 16 | 29 |

(c)结点索引

**图10.2　生成的拓扑数据**

(2)路径寻优模块的实现

为便于路径寻优模块和地图匹配模块方便地访问拓扑数据库，以及两者共用一个拓扑数据内存，本系统将访问拓扑数据库的I/O操作封装为一个类CPwTopology，所提供的接口定义如下：

接口SetTopoFilePath设置拓扑数据库路径；接口ReadTopoFile读取拓扑数据；接口FindNodeIDByXY根据给定的点，寻找出最近的结点ID值；接口DistancePointToPoint和DistancePointToSegment计算点与点、点与线之间的距离；接口GetNodeNum、GetLineNum、GetTolerance获得点数、道路线数和阈值信息；接口GetTopoOpened判断拓扑数据库是否已经打开；接口GetNode、GetLine、GetNodeIndex获取内存拓扑结点、道路线和结点索引。

```
void                  SetTopoFilePath(WCHAR * strFilePath);
bool                  ReadTopoFile();
int                   FindNodeIDByXY(DPOINT dPt);
double                DistancePointToPoint (DPOINT * pPtA,DPOINT * pPtB);
double                DistancePointToSegment(DPOINT * p,DPOINT *
                      a,DPOINT * b);
int                   GetNodeNum();
int                   GetLineNum();
double                GetTolerance();
bool                  GetTopoOpened();
TOPONODE *            GetNode();
TOPOLINE *            GetLine();
TOPONODEINDEX *       GetNodeIndex();
```

为方便二次开发用户简单地使用路径寻优功能，本系统将路径寻优相关函数和功能封装为一个独立的类 CPwRoadFinder，实现了 Dijkstra 算法和最小堆算法。类 CpwRoadFinder 所提供的接口如下所示：

```
void                  SetTopology(CPwTopology * pTopo);
void                  SetRoadLayer(CPwMapLayer * pRoadLayer);
void                  SetStartPoint(DPOINT dPt);
void                  SetEndPoint(DPOINT dPt);
bool                  ShortPath_Dijkstra(DPOINT * * poDpoint,DPOINT * *
                      poStartEndPts, int * * poLineFID, int * * poDirect,
                      int&nLineCounts,int&nPtNums,int * * poPtNums);
bool                  ShortPath_DijkstraWithHeap(DPOINT * * pDpoint,
                      DPOINT * * poStartEndPts,int * * poLineFID,int *
                      * poDirect,int&nLineCounts,int&nPtNums,int * *
                      poPtNums);
TOPONODEINDEX *       GetNodeIndex();
```

接口 SetTopology 用于将路径寻优模块与拓扑接口联系起来，便于路径寻优模块方便地访问拓扑数据；接口 SetRoadLayer 设置进行路径分析的道路网层；接口 SetStartPoint 和 SetEndPoint 设置路径分析的起始点和终止点；接口 ShortPaht_Dijkstra 采用 Dijkstra 算法进行最短路径分析；接口 ShortPath_DijkstraWithHeap 在 Dijkstra 算法基础上采用二叉堆排序加速最短路径分析(图 10.3)。

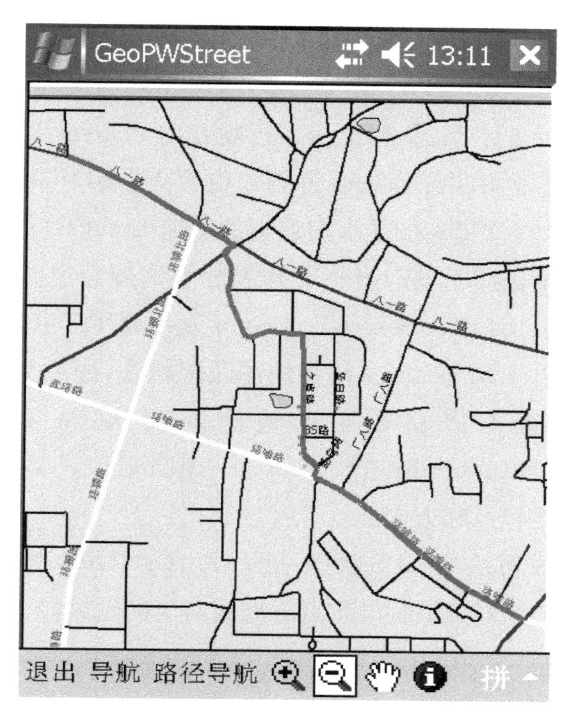


**图 10.3 最短路径**

(3)地图匹配模块的实现

与路径寻优模块设计的思想一致，为方便二次开发用户简单使用，有必要把地图匹配模块封装为一个独立的类。采用保存历史点位置信息和方向信息的方式，实现CPwMapMatch类，所提供的接口如下所示：

```
void        SetRoadLayer(CPwMapLayer * pRoadLayer);
void        SetTopology(CPwTopology * pTopology);
bool        SetPos(double& dX,double& dY,double& dDirect,double& dSpeed);
bool        GetPos(DPOINT& pt);
bool        GetShortDistancePos(double dX,double dY,DPOINT& pt,int& nFID);
void        SetSearchTolerance(double& dTolerance);
double      GetSearchTolerance()const;
void        ClearMapStatus();
bool        GetMapMatchStatus();
int         GetCurrentFID();
DPOINT &    GetCurrentStartPt();
DPOINT &    GetCurrentEndPt();
int         GetCurrentDirect();
```

接口 SetRoadLayer 设置进行地图匹配的道路网层；接口 SetTopology 用于将地图匹配模块与拓扑接口联系起来，便于地图匹配模块方便地访问拓扑数据；接口 SetPos 设置从外部传入的位置信息($x$，$y$)、行驶方向 dDirect 和行驶速度 dSpeed；接口 GetPos 则获取通过地图匹配算法后得到的位置点；接口 GetShortDistancePos 仅仅考虑距离因素，计算与位置点(dX，dY)最近的道路 LineFID 值和其上的垂直点；接口 SetSearchTolerance 被用于设定第一次开展圆查询搜索道路网时的半径大小，此值与 GPS 的精度相关；接口 GetSearchTolerance 则主要用于获取第一次圆查询时所设定的半径值；接口 ClearMapStatus 清楚地图匹配状态，还原为初始地图匹配状态；接口 GetMapStatus 则可以获得当前地图匹配状态；接口 GetCurrentFID、GetCurrentStartPt、GetCurrentEndPt、GetCurrentDirect 获取当前行驶道路的 LineFID 值、起始点、终止点和方向。

没有经过地图匹配算法的 GPS 轨迹见图 10.4(a)，GPS 点采用地图匹配算法之后的轨迹见图 10.4(b)，较好地将 GPS 点匹配到对应的道路段上。

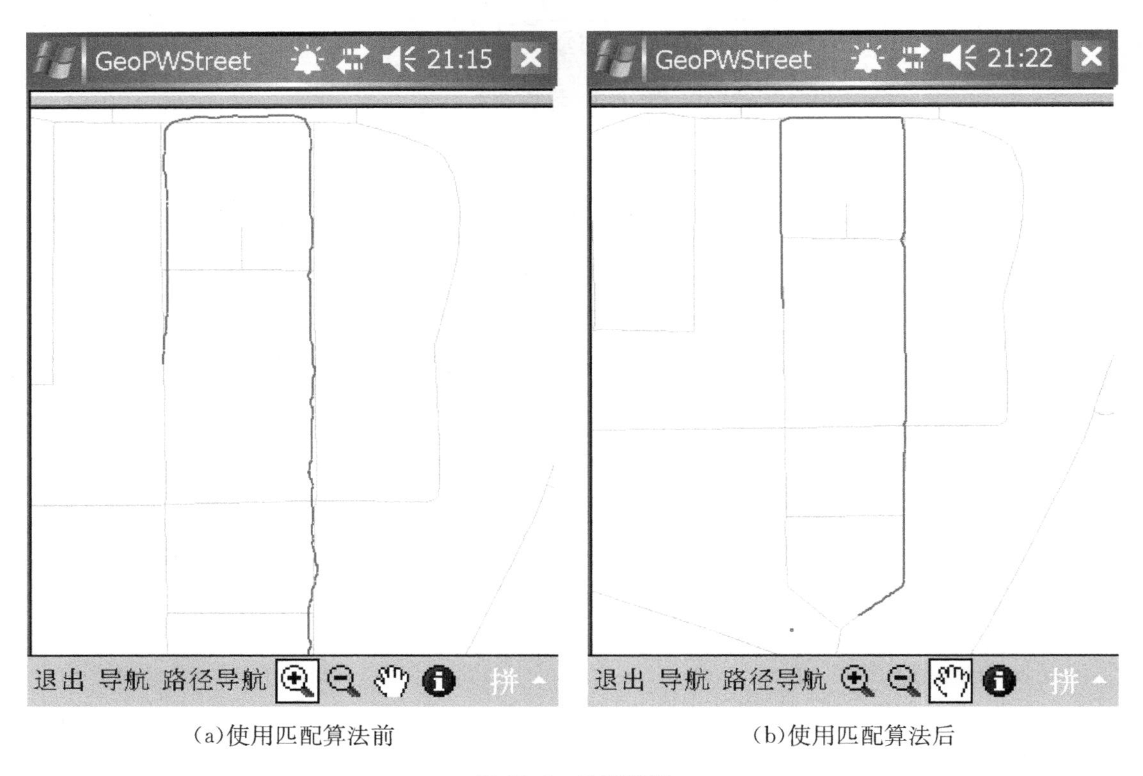


(a)使用匹配算法前　　(b)使用匹配算法后

**图 10.4　地图匹配**

### 10.2.2　街景影像处理子系统的实现

在基于开源库 AutoPano-sift-c、PTStitcher、Enblend 和 CxImage 的街景影像处

理子系统中，主要完成街景影像配准、街景影像融合和街景影像数据库的生成。下面将分3个部分进行详细介绍，并以相应的街景图片和数据为例，介绍街景影像处理子系统的实现。

(1)街景影像配准的实现

在进行街景影像处理之前，首先需拍摄街景影像(图10.5)，记录影像点位置($x$，$y$)，然后针对采集的影像点图片数据，采用SIFT算子找出图像之间的匹配点。

图10.5 街景图片

借助开源的匹配库Autopano-sift-c，找出特征点信息，图10.6中圆圈所示为特征点位置。

图10.6 特征点信息

根据特征点位置信息，以图片的左上角为起始原点，向右为横轴正方向，向下为纵轴正方向，记录下特征点的($x$，$y$)位置信息。图10.6中特征点的位置见图10.7，其中$x$，$y$标识左侧图片特征点位置，$X$，$Y$为右侧图片对应特征点位置。

```
c n0 N1 x2128.882188 y1473.702829 X415.660029 Y1449.081217 t0
c n0 N1 x1898.606393 y1661.072789 X145.826690 Y1646.402031 t0
c n0 N1 x2841.369634 y1358.910874 X1156.538937 Y1326.284291 t0
c n0 N1 x2909.132415 y513.473195 X1238.860034 Y514.223238 t0
c n0 N1 x2762.843059 y1425.139078 X1074.263067 Y1391.794354 t0
c n0 N1 x2551.251940 y1898.192932 X841.204833 Y1860.257544 t0
c n0 N1 x2659.544730 y1464.961488 X974.420942 Y1432.232953 t0
c n0 N1 x2542.225941 y1529.879738 X848.062972 Y1501.863575 t0
c n0 N1 x2366.729634 y1618.889602 X669.068200 Y1590.429931 t0
c n0 N1 x2767.261454 y1513.962192 X1073.323511 Y1478.522219 t0
c n0 N1 x2449.505452 y1676.174365 X750.980314 Y1645.176546 t0
c n0 N1 x2639.584912 y1690.106704 X938.969040 Y1652.975527 t0
c n0 N1 x2811.096759 y413.811842 X1151.807681 Y411.282598 t0
c n0 N1 x2399.091725 y1565.199016 X701.489025 Y1535.811576 t0
c n0 N1 x2722.974925 y1599.884077 X1024.689347 Y1561.704768 t0
c n0 N1 x2618.026940 y1467.412721 X933.058549 Y1435.415398 t0
c n0 N1 x2442.648258 y1957.598281 X730.371561 Y1924.292129 t0
c n0 N1 x2449.676053 y1664.569879 X753.521064 Y1633.798719 t0
c n0 N1 x2026.518742 y2114.723985 X288.137808 Y2114.892850 t0
c n0 N1 x1813.838050 y1334.513059 X76.924456 Y1310.603713 t0
c n0 N1 x2216.046364 y1156.125464 X533.700467 Y1125.863087 t0
c n0 N1 x2651.529905 y1765.143613 X947.697292 Y1726.223218 t0
c n0 N1 x2429.018059 y281.782574 X750.229283 Y252.450489 t0
c n0 N1 x2831.217416 y233.370433 X1174.394246 Y239.875048 t0
c n0 N1 x3132.824858 y1259.031490 X1435.048405 Y1230.760372 t0
```

**图 10.7　特征点位置**

(2)街景融合处理的实现

在街景配准中，得到两张图片之间的特征点位置，在 PTStitcher、Enblend 开源库基础上，对图片进行拼接融合处理，得到街景影像图(图 10.8)。从图 10.8 中可以看出，已经找不到明显的接缝处，融合的效果比较好。

**图 10.8　街景融合处理**

(3)建立街景影像数据库

对于处理好的影像点数据，需进行入库操作，建立街景影像数据库，为街景导航提供影像数据源。街景影像入库实现见图 10.9。

①加载道路网矢量数据。

系统采用开源的 GDAL/OGR 库读取 Shape 格式的矢量数据。

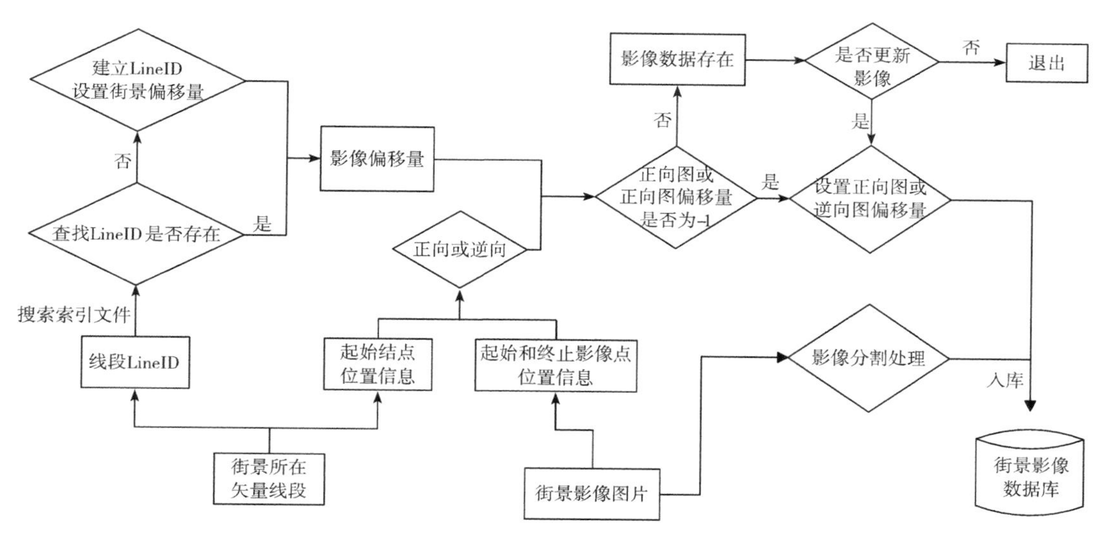


**图 10.9　街景影像入库实现**

```
OGRDataSource * pDataSource=OGRSFDriverRegistrar::Open(strPath,FALSE);
OGRLayer * pLayer = m_pDataSource->GetLayerByName(strLayerName)。
```

②获取街景影像所在的道路 LineID 字段，搜索索引文件，查看 LineID 是否已经存在于索引文件中，若存在，获取此 LineID 所对应的影像在数据库中的偏移量 ImagesOffset，然后转入第④步，若不存在转入第③步。

③在文件中建立 LineID，并指明对应此影像在数据库中的偏移量 ImagesOffset，然后在数据库 ImagesOffset 处，建立正向影像偏移量为－1，逆向影像偏移量为－1。

④计算道路的起始结点与起始影像点、终止影像点的距离，若与起始影像点距离近，设置为正向影像图；若与终止影像点距离近，则设置为逆向影像图；

```
OGRFeature * pFeature = m_pLayer->GetFeature(m_nFID);
OGRGeometry * pGeometry = pFeature->GetGeometryRef();
if(wkbLineString== pGeometry->getGeometryType())
OGRLineString * pLineString =(OGRLineString * )pGeometry;
OGRPoint ptStart,ptEnd;
int nCount = pLineString->getNumPoints();
pLineString->getPoint(0,&ptStart);
pLineString->getPoint(nCount-1,&ptEnd)。
```

⑤在影像库偏移量 ImagesOffset 处，获取正向或逆向影像偏移量值 ImageOffset，若值为－1，转入第⑦步；若不为－1，表明对应的影像数据存在，转入第⑥步。

⑥判断是否需要更新影像，需要则进行下一步；不需要则直接退出。

⑦ImageOffset 为－1，表明对应的影像数据不存在，获取影像数据库大小，然后

设置 ImageOffset 值，一般情况下设置 ImagesOffset 为当前数据库大小，然后在数据库尾部加入新的影像数据。

⑧利用 CxImage 图像库依次对各个影像数据点图片进行分割处理，然后入库。街景影像分割见图 10.10。

图 10.10 街景影像分割

在 CxImage 图像库中提供了很多对图像处理的函数接口，在分割处理中，用到了如下函数接口：

```
bool Load(const TCHAR * filename,DWORD imagetype=0);
bool Crop(long left, long top, long right, long bottom, CxImage * iDst =
NULL);
bool Encode(BYTE * &buffer,long &size,DWORD imagetype);
void FreeMemory(void * memblock);
```

接口 Load 用于加载指定路径的图像；接口 Crop 通过指定裁剪的范围，进行裁剪操作，并将裁剪所得的图像保存到 iDst 中；接口 Encode 获取 CxImage 对象所占的二进制块数据和大小；接口 FreeMemory 用于释放获取的二进制块数据。

### 10.2.3 嵌入式街景导航子系统的实现

在完成二维导航子系统和街景影像数据库的建立后，需要进一步完成街景兴趣点数据库的建立，完成二维导航系统与街景影像库的映射，并将两者有机地关联起来。

(1)兴趣点数据库的建立

按照兴趣点数据库的设计，建立兴趣点数据库有以下步骤。

①下载 SQLite3 的 C 程序库，并配合封装 C 库的 Cppsqlite3. h 和 Cppsqlite3. cpp 文件，编译生成动态库 sqlite. dll 和静态库 sqlite. lib 供录入兴趣点信息使用。

②建立兴趣点数据库 POIDb. db，结合上文描述的兴趣点组织与存储设计，定义

相应的字段。

③打开街景影像处理子系统所建立的街景影像数据库。

④影像数据库提供道路 LineFID、道路方向和街景影像点信息，配合鼠标点击图片的位置$(x,y)$，可以唯一地确定兴趣点的位置信息，并且有机地关联兴趣点信息与影像数据库。

⑤确定了兴趣点的位置信息，则可以输入兴趣点的名称及相关的属性信息，通过 SQLite 最终插入兴趣点数据库中(图 10.11)。

⑥若需要更改已经存在的兴趣点信息，则可以通过查询兴趣点位置信息，列出查询结果，然后更改相关位置信息或属性信息，最终通过 SQLite 更新此记录信息。

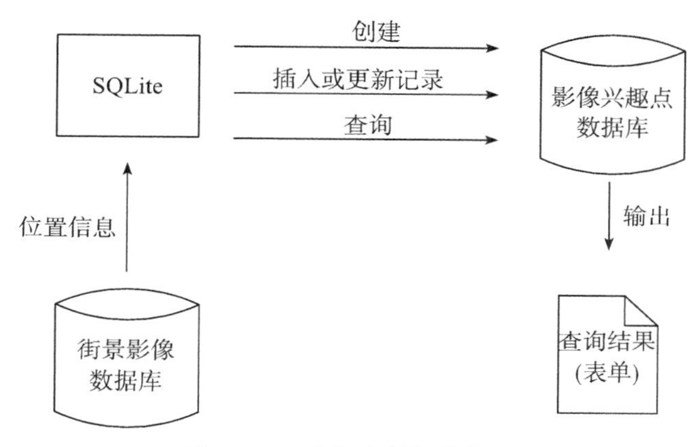


**图 10.11 兴趣点数据库操作**

在打开影像数据库索引文件后，程序能正确关联上影像数据库。输入线段 LineID 和方向 Direct，初始化到此线段的起始影像点，再通过按钮“上一张街景”和“下一张街景”能准确定位当前影像点的前影像点数据和后影像点数据。

街景兴趣点数据库是建立在影像数据库的基础之上的。兴趣点首先关联于一个影像点上，然后定位于影像点的某一位置$(x,y)$，因此，通过线段 LineID、方向 Direct、影像点和位置$(x,y)$就能唯一地确定一个兴趣点。兴趣点信息入库，是通过开源数据库 SQLite 进行的，在 SQLite 中提供了很多数据库操作的接口，在插入、更新等操作中，用到了如下函数接口：

```
void open(const char * szFile);
bool tableExists(const char * szTable);
CppSQLite3Query execQuery(const char * szSQL);
int execDML(const char * szSQL);
void close();
```

接口 open 打开指定路径的数据库文件；接口 tableExists 判断数据库中是否存在指定的表；接口 execQuery 执行 SQL 语句，并返回查询结果，在原型系统中用于查询标志信息；接口 execDML 执行 SQL 语句，用于更新操作；接口 close 关闭数据库。

在影像数据库基础上可以方便地增加、删除和修改街景兴趣点信息(图 10.12)。当点击影像，若在阈值范围内查询到兴趣点信息，则弹出此兴趣点的相关信息，然后可以进行增加字段、删除字段、修改字段值等操作。

**图 10.12 兴趣点信息编辑**

(2)测试街景影像导航

在影像数据库中，影像块数据通过行列号关联于街景影像点，影像点通过位置信息关联于道路正向图或逆向图，而正向图和逆向图则通过方向性关联于道路影像信息。因此，通过道路 LineID 能定位道路正向图或逆向图，结合位置信息，能定位到具体的一个街景影像点，再通过街景影像点的行列号，能定位到分割后的影像块。测试街景影像库根据线段 LineID 和方向性定位街景影像(图 10.13)。

**图 10.13 测试街景影像数据库**

## 10.3 嵌入式街景导航运行实例

运行实例的运行界面采用 WTL7.5(Windows Template Library)编写，在

Windows Moblie 5.0 操作系统上运行，PDA 的屏幕分辨率为 640×480。

### 10.3.1　GIS 基本功能和街景影像的显示

运行实例实现了 GIS 的基本功能，包括二维地图的放大、缩小和漫游操作。街景影像实现了基本的影像显示、偏移、查询操作。

二维地图显示和街景影像显示的截图见图 10.14(a)。其中，街景影像绘制在上面，二维地图绘制在下面，两者的大小位置可通过中间的分割栏进行调整。在二维地图中，小正方形表示当前 GPS 位置经过地图匹配算法后匹配到道路上的位置，在街景影像上，字体以注记的形式表示了兴趣点的名称。

街景影像上的查询操作见图 10.14(b)，通过点击工具栏上的查询按钮，然后点击相应兴趣点，则会查询街景兴趣点数据库，显示出兴趣点的详细具体信息。

(a)二维地图和街景影像显示　　(b)街景影像兴趣点查询

**图 10.14　GIS 基本功能和影像显示**

### 10.3.2　影像导航和路径导航

运行实例实现了影像导航和路径导航的功能。在影像导航中，提供了实时影像导航和模拟影像导航；路径导航通过设置起始点和终止点，寻找出最短路径，然后实现路径导航。

实时影像导航，通过接收实时的 GPS 位置信号，然后根据地图匹配后的道路位置点进行实时影像导航；模拟影像导航，定时读取保存在嵌入式设备上的 GPS 位置信息，然后进行地图匹配进行模拟影像导航。在武汉大学信息学部内的一条道路上进行模拟导航，在位置 1 处的街景影像见图 10.15(a)，小正方形表示当前 GPS 位置信息地图匹配后的道路位置点；在位置 2 处的街景影像见图 10.15(b)。截图只是表示出了某点的街景影像。当定时获取道路位置点，然后计算出所在的影像点数据和放大比例，就能进行连贯的街景影像导航。

(a)模拟街景导航点 1

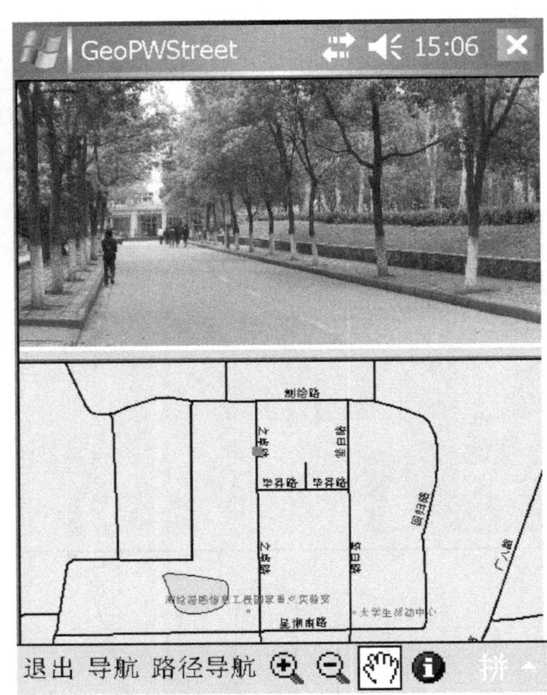


(b)模拟街景导航点 2

**图 10.15　影像导航**

进行路径导航的截图见图 10.16。通过设置路径导航的起始点和终止点，按照最短路径算法计算出两点之间的最短路径。

在位置 1 处的二维地图位置和街景影像见图 10.16(a)，在位置 2 处的二维地图位置和街景影像见图 10.16(b)。定时地更换二维地图位置和街景影像数据，能显示出连贯的路径导航。

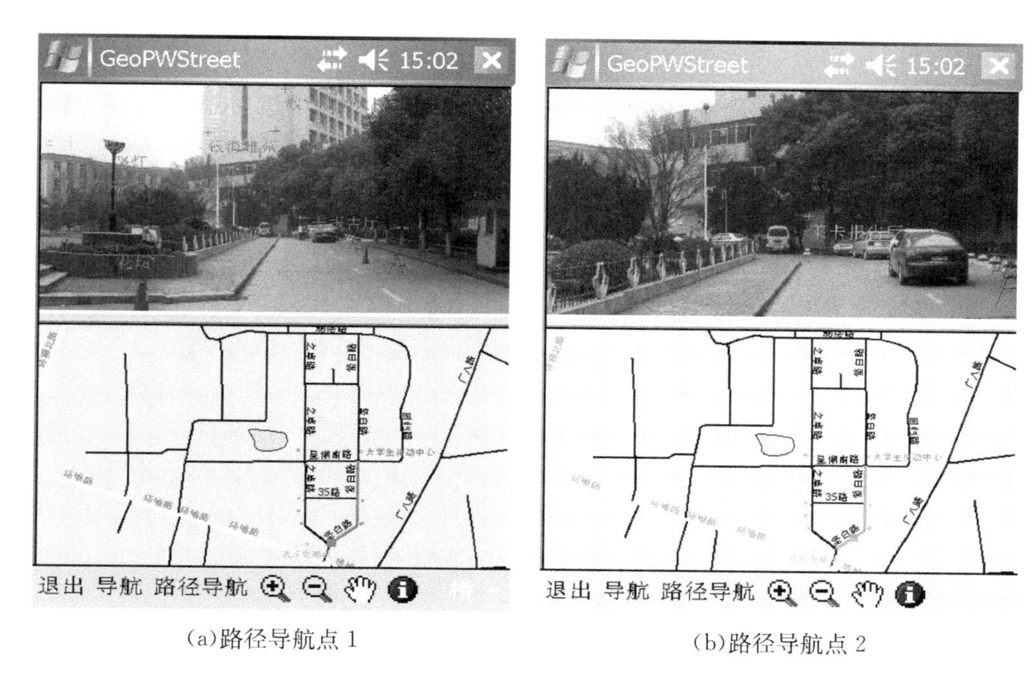


(a)路径导航点 1　　(b)路径导航点 2

**图 10.16　路径导航**

### 10.3.3　二维地图与街景兴趣点关联查询

街景兴趣点与二维矢量地图的关联查询的截图见图 10.17,通过点击影像兴趣点或二维矢量要素,可以查询到对应的二维矢量要素或街景信息点。

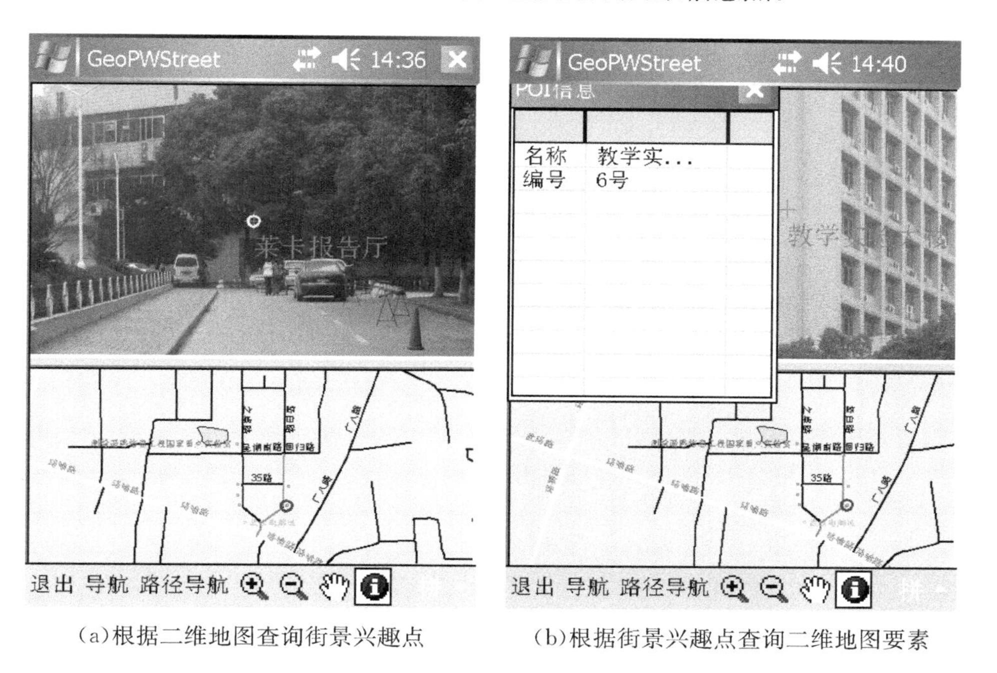


(a)根据二维地图查询街景兴趣点　　(b)根据街景兴趣点查询二维地图要素

**图 10.17　街景兴趣点与二维地图的关联**

在图 10.17(a)中，点击地图要素，查询出对应的街景兴趣点，在二维界面和街景显示界面上都以小圆圈加以加强显示；在图 10.17(b)中，点击街景兴趣点，查询出对应的二维地图要素，以小圆圈加强显示，并弹出对应的兴趣点具体信息。

# 第 11 章 总结与展望

## 11.1 总结

GIS 的应用领域越来越广泛,同全球定位系统(GPS)、嵌入式硬件设备、摄影测量技术、通信技术以及其他应用领域的有机结合,不仅为 GIS 提供了良好的发展前景,同时也为这些应用领域提供了一套科学的解决应用问题的方法。

嵌入式街景导航系统是在嵌入式硬件环境下将嵌入式系统、全球定位系统、GIS 与摄影测量技术等多种技术集成,实现移动目标的实时定位和随处计算。嵌入式的街景导航系统将移动计算技术和影像服务应用到传统的地理信息服务中,革命性地改变了传统的服务机制。随着交通建设水平和人民生活水平的提高,驾车长途旅行的情况也越来越普遍,如何在一个陌生的地方正确识别路径也是一个问题。因此,开发嵌入式环境下的移动街景导航系统具有重要的实际意义。

本书所做的研究主要体现在以下几个方面。

①总结了移动导航系统和街景影像服务的发展和现状,确定了本书的研究目的和内容。

②分析了嵌入式街景导航系统依赖于二维导航系统和街景影像数据,对该系统进行了总体设计,把嵌入式街景导航系统分为 3 个子系统,即二维导航子系统、街景影像处理子系统和街景导航子系统,总结了系统所设计的关键技术。

③开发出二维导航系统,为街景导航提供二维地图位置信息。其最短路径模块和地图匹配模块,为街景导航实现街景路径导航、模拟街景导航和实时街景导航提供了可能。

④以开源库 Autopan-sift-c、PTStitcher、Enblend 和 CxImage 为基础,采用尺度不变特征变换算法和多分辨率样条技术,生成无缝街景影像。

⑤建立了嵌入式端的街景影像文件数据库,提供了根据道路 LineID 和道路方向型快速获取影像点数据的方式。影像点数据采用分块处理,并在两个影像点之间采用放大内存影像数据的方式,加快了影像数据的调用和绘制,为实现连贯的街景导航

提供了可能。

⑥建立影像兴趣点数据库，采用嵌入式数据库 SQLite 进行存储，兴趣点信息与道路 LineFID 和道路方向性绑定，为快速查询特定道路段的兴趣点信息提供了便利；同时，开发了维护兴趣点信息的管理端，便于有效地增加、删除和修改影像点上的兴趣点信息。

⑦开发嵌入式街景导航的原型系统，完成模拟街景导航、实时街景导航、路径导航等功能。

通过完成嵌入式街景导航的原型系统，总结该系统具有以下两个特点。

①通过矢量道路段 LineFID、道路方向性等信息，将街景影像与矢量道路网有机关联起来，加快影像数据的调用与查询；对街景影像点数据进行分块处理，并在两个影像点之间采用放大内存影像数据的方式，加快在嵌入式设备终端的绘制速度，提供快速连贯的街景导航。

②建立影像兴趣点数据库，采用嵌入式数据库 SQLite 进行存储，兴趣点信息与道路 LineFID 和道路方向性绑定，将街景兴趣点信息与二维矢量地图、街景影像数据库有机关联起来，为快速查询特定道路段的兴趣点信息提供了便利；同时，开发了维护兴趣点信息的管理端，便于有效地增加、删除和修改影像点上的兴趣点信息。

## 11.2 研究展望

嵌入式街景导航系统将多种技术结合起来，为车辆导航提供了新的服务方式，具有较大的实际意义，但是由于时间有限，仍有很多的功能需要完善，在今后的工作中有以下几个问题需要更加深入地研究。

①最短路径算法还可以进一步加快。实现双源的路径搜索，进一步提供最短路径搜索的速度；引进启发式 $A^*$ 算法，合理设置权值，可以更快地搜索到两点之间的最短路径。

②影像数据库的存放需进一步考虑。小数据量的街景影像数据可以存放在嵌入式设置之中，但是大区域的街景数据是海量的，应考虑将数据存放在服务器上，嵌入式设备通过无线网请求获取相应的影像点的数据。

③影像兴趣点的自动配置需考虑。当影像点上的兴趣点信息过多时，应该考虑兴趣点信息的压盖和冲突等问题，实现影像兴趣点的合理配置。

④街景影像的可量测性需进一步实现。目前系统只是实现了街景影像的拼接融合，并没有考虑到影像的量测性，应进一步运用摄影测量的知识，实现街景影像的量测功能，这具有更大的实际意义。

随着嵌入式设备硬件性能的进一步提高，以及移动 GIS 与其他领域的知识的结合，将使其拥有更为广阔的应用。因此，不论是在车辆导航服务领域，还是位置服务领域，移动 GIS 将在日常生活中发挥越来越重要的作用。

# 参考文献

[1] 李德仁,关泽群.空间信息系统的集成与实现[M].武汉:武汉大学出版社,2002.

[2] 吴信才,等.GIS原理与方法[M].北京:电子工业出版社,2002.

[3] 邬伦,张晶,赵伟.地理信息系统[M].北京:电子工业出版社,2002.

[4] 王惠南.GPS导航原理与应用[M].北京:科学出版社,2003.

[5] 李凯峰,吕志平.基于MapX Mobile开发的个人移动导航系统[J].海洋测绘,2006,26(5):110-114.

[6] 胥振兴.嵌入式导航系统设计与研究[D].厦门:厦门大学,2007.

[7] 王俊杰,刘家茂,胡运发,等.图像拼接技术[J].计算机科学,2003,30(6):141-144.

[8] 汪成为.灵境(虚拟现实)技术的理论、实现及应用[M].南宁:广西科学技术出版社,1996.

[9] 李志刚.边界重叠图像的一种快速拼接算法[J].计算机工程,2000,26(5):37-38.

[10] 钟力,胡晓峰.重叠图像拼接算法.中国图象图形学报,1998,5(5):367-370.

[11] 倪国强,刘琼.多原图像配准技术分析与展望[J].光电工程,2004,31(9):1-6.

[12] 赵向阳,杜利民.一种全自动稳健的图像拼接融合算法[J].中国图象图形学报,2004,9(4):417-422.

[13] 王京谦.万莅新.开源嵌入式数据库Berkeley DB和SQLite的比较[J].集成电路与嵌入式系统,2005,2:5-8.

[14] 李元臣,刘维群,基于Dijkstra算法的网络最短路径分析[J].微计算机应

用,2004,25(3):295-300.

[15] 李春葆. GIS 中最短路径搜索算法[J]. 计算机工程与应用,2002,38(20):70-72.

[16] 唐文武,施晓东,朱大奎. 地理信息系统中使用改进的 Dijkstra 算法实现最短路径的计算[J]. 中国图象图形学报,2000,15(4):226-230.

[17] 王楠,王勇峰,刘积仁. 一个基于位置点匹配的地图匹配算法[J]. 东北大学学报(自然科学版),1999,20(4):344-347.

[18] 林娜,李志,王斌. 一种综合地图匹配算法的设计与实现[J]. 测绘科学,2008,33(2):183-184+140.

[19] 唐文武,施晓东,朱大奎. GIS 中使用改进的 Dijkstra 算法实现最短路径的计算[J]. 中国图象图形学报,2000(12):51-55.

[20] 戚世贵. 基于图像特征点的提取匹配及应用[D]. 长春:吉林大学,2006.

[21] 孙华燕,周道炳,李生. 一种序列图像的拼接方法[J]. 光学精密工程,2000(1):35-37.

[22] 董燕,周燕名,崔卫兵. 基于双缓存技术解决某模拟系统实时显示屏幕闪烁的方法[J]. 电脑知识与技术,2008,3(7):1574-1576.

[23] Burt P J,Adelson E H. A multiresolution spline with application to image mosaics[J]. Acm Trans on Graphics,1983,2(4):217-236.

[24] Burt P J,Adelson E H. The Laplacian Pyramid as a compact image code[J]. Readings in Computer Vision,1987,31(4):671-679.

[25] Alsuwaiyel M H,Gavrilova M. On the distance transform of binary images[J]. Methods in Molecular Biology,2000,469(4):87-102.

[26] Xiong Y,Turkowski K. Registration,calibration and blending in creating high quality panoramas[C]//IEEE Workshop on Applications of Computer Vision, Wacv. IEEE,1998. DOI:10. 1109/ACV. 1998. 732860.

[27] Koenderink J J. The Structure of Images[J]. Biological Cybernetics,1984,50(5):363-370.

[28] Lindeberg T. Scale-space for discrete signals[J]. Pattern Analysis & Machine Intelligence IEEE Transactions on,1990,12(3):234-254.

[29] Clancey, William J. The knowledge level reinterpreted: Modeling how systems interact[J]. Machine Learning, 1989, 4(3-4): 285-291.

[30] Richard S. Video mosaics for virtual environments[J]. IEEE Computer Graphics and Applications, 1996, 16(2): 22-30.

[31] Chen C Y. Image stitching-comparisons and new techniques[J]. Lecture Notes in Computer Science, 1999, 1689: 835-835.

[32] Hartley R I, Gupta R. Linear pushbroom cameras[J]. Springer Berlin Heidelberg, 1994: 555-556.

[33] Li H, Manjunath B S, Mitra S K. A contour-based approach to multisensor image registration[J]. IEEE Trans Image Process, 2002, 4(3): 320-334.

[34] Harris C G, Stephens M J. A combined corner and edge detector[C]// Alvey vision conference. 1988: 147-151.

[35] Lowe D G. Distinctive image features from scale-invariant keypoints[J]. International Journal of Computer Vision, 2004, 60(2): 91-110.

[36] Kitchen L, Resenfeld A. Gray level corner detection[J]. Patter Recognition Letters, 1982, 1(1): 95-102.

[37] Li Y, Ma L. A fast and robust image stitching algorithm[C]//Proceedings of the 6th World Congress on Intelligent Control and Automatuion, Dalian, China, 2006: 9604-9608.

[38] Rosenfeld A, Kak A, Digital picture processing, Vol. I and II [M]. Academic Press, Orlando, FL, 1982.

[39] Collignon A, Maes F, Delaere D, et al. Automated multi-modality image registration based on information theory[C]//Proc. of the Information Processing in Medical Imaging Conference, 1995: 263-274.

[40] Maes F, Collignon A, Vandermeulen D, et al, Multimodality image registration by maximization of mutual information[J]. IEEE Trans. on Medical Imaging, 1997, 16: 187-198.

[41] Allincy S, Morandi C, Digital image registration using projections[J]. IEEE Trans. On Pattern Analysis and Machine Intelligence, 2009, PAMI-8 (2):

222-233.

[42] Allincy S, Spatial registration of multispectral and multitemporal digital imagery using fast-fourier transform techniques [J]. IEEE Trans. On Pattern Analysis and Machine Intelligence, 1993, 15(5): 499-504.

[43] Mehrotra R, Nichani S, Corner detection[J]. Pattern Recognition, 1990, 23(11): 1223-1233.

[44] DudaR O, Hart P E, Use of the hough transformation to detect lines and curves in pictures[J]. Communications of the ACM, 1972, 15(1): 11-15.

[45] Burt P J, Adelson E H. A multiresolution spline with application to imge mosaics[J]. ACM Transactions On Graphics, 1983, 2(4): 217-236.